開道一五〇年
北海道開拓と
農業雑誌の物語

JN151340

玉　真之介

＜目次＞

第一話

開道一五〇年と農業雑誌

はじめに

今年（平成三〇年（二〇一八））、北海道は開道から一五〇年という節目の年を迎えた。この小さな本は、この節目にあたって、改めて明治に始まる北海道の農業開拓の歴史を「農業雑誌」を通して描いてみたものである。北海道開拓や北海道農業の歴史は、ある意味語り尽くされたテーマと言えるのかもしれない。しかし、論説や記事という形でいろいろな人の考えや思いが文字にされ、頒布された「農業雑誌」という媒体に焦点をあてて、北海道開拓や北海道農業の歴史を論じたものを私は寡聞にして知らない。

今日、北海道農業は、稲作、畑作、園芸作、酪農、畜産、馬産などが地帯分化して主産地を形成し、国内では並外れた経営規模を誇る日本の中核農業地帯として君臨するまでにいたった。しかし、その起点が開拓使の設置に始まることは言うまでもなく、また、それは日本の過去の歴史的経験が容易に通用しない寒冷な気候と未開原野との闘いの歴史でもあった。それだからこそ、北海道開拓においては、〝開発の理念や精神〟が重要な役割を担っていた。

これは長い歴史を持つ府県農業には見られない、フロンティア北海道ならではの特徴とも言える。そして、そうした理念や精神が文章として表明され、闘わされた場が「農業雑誌」だった。その意味で、北海道の農業開拓の歴史を「農業雑誌」を通して見ることは、北海道農業が様々な困難に直面するたびに繰り返された課題克服のための議論を振り返ってみるということである。

そして、「農業雑誌」の中でも本書が取り上げるのは、『北方農業』という雑誌である。それは、**図1**に示したように、戦後、北海道農業会議の機関誌となるまで、様々に誌名を変えながら、苦難に満ちた北海道開拓と足並みを揃えて脈々と引き継

図1　『北方農業』誌の歴史的系譜

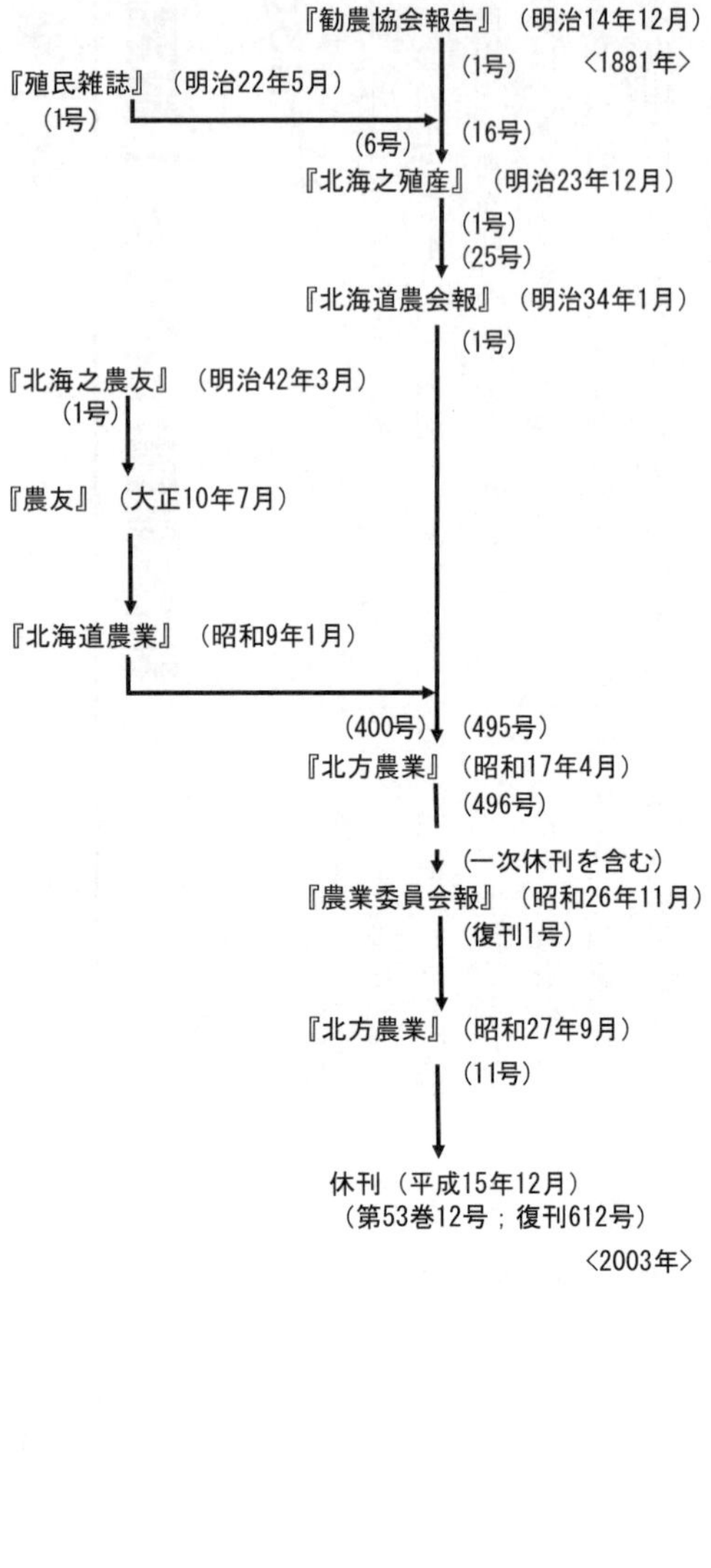

がれてきた雑誌である。その起点は、明治一四年（一八八一）一二月に刊行された『勧農協会報告』まで遡《さかのぼ》り、明治二三年（一八九〇）に『北海之殖産』に引き継がれ、明治三四年（一九〇一）には『北海道農会報』となり、さらには明治四二年（一九〇九）に起点を持つ農家向けの「農業雑誌」である『北海之農友』、『農友』『北海道農業』という系譜と合体して、戦時中に『北方農業』の刊行となり、さらにそれが戦後に復刊されて引き継がれたのである。[1]

北海道開拓の理念

繰り返しとなるが、この脈々と続いてきた「農業雑誌」の歴史をたどることは、この雑誌の創刊にあたって官民を越えて託された理念や思いが、どのように継承されてきたかを追求することでもある。もちろん、時代の変遷はそうした理念にも変化を迫る。『勧農』『殖産』『農会報』という誌名の変化は、そのままこの雑誌を取り巻く情勢の変化の表現といえる。それにしても、そうした変化を貫いた何かが、この雑誌をこれだけ長く生き続けさせてきたのではないか。

その何かとは、やはり北海道農業がその出発に際し与えられた辺境開発をめざすアンビシャスなスピリッツではないかと、私は考えている。おそらく、このようなロマンチックなテーゼを持ち出すことには、研究者からの批判は避けられないだろう。北海道開拓の歴史を語る時には、そうした理念とかけはなれて進んだ現実から眼をそらせてはいけないからである。

1 残念なことに、『北方農業』は平成一五年（二〇〇三）一二月号（第五三巻十二号（復刊六一二号）を最後に休刊している。編集を行ってきた北海道農業会議の組織的縮小のために、編集担当の職員体制の維持が困難となったことが主な理由である。市町村合併が進み、読者としての全道の農業委員数が減少したことも背景となっている。

しかし、北海道がその開発における指導理念として、近代市民革命期の最良の部分であったニューイングランド[2]のフロンティアスピリッツを受け継いだことは紛れもない事実であった。また、この精神こそ北海道農業が試練に際会するたびに立ち戻るところにおいてほかならなかった。その意味で、この雑誌が常に示した北海道農業に対する指導的役割も、単なる農政の下請けに留まらない一つの基調に支えられたものと考えられるのである。

開拓七〇年と『北方農業』

そうするとき、この長い歴史の中でも『北方農業』という誌名での刊行は一つのエポックを画するものだった。というのも、この誌名変更に託されていたのは、北海道農業が担うべき新たな使命であり、その中身は旧満洲をはじめ広く世界の北方農業開発の指導者たらんとするものだったからである。この誌名変更に深く関与した農業経済学者矢島武[3]も、本誌三百号記念の回顧の中でその点を強く主張している。それはある意味で、戦時下という情況に規定された侵略的なものに聞こえるかもしれない。あるいは結果的にはそれに利用されたともいい得るかもしれない。

しかし、筆者が本書の巻末論文で論じているように、事実として昭和一三年（一九三八）の開拓七〇年の頃、北海道農業はようやく第一次大戦後の地力問題、昭和初期の連続凶作を克服しうる「北海道農法」を確立させ、全国的な注目の中で開拓終了を宣言していた。そして、その農法は、拙著『総力戦体制下の満洲農業移民』

[2] ボストン（マサチューセッツ州）を中心にイギリスの清教徒たちが最初に植民したアメリカで最も歴史の古いアメリカ北東部六州を指す言葉。

[3] 矢島武（一九〇九〜一九九二）。北海道生まれ。北海道帝国大学農学部農業経済学科を昭和九年（一九三四）に卒業。戦時下、盟友の川村琢と共に北海道農業研究会事件で検挙される。戦後、北大農学部教授、農学部長。著書に『北方農業の性格』（北海道農会、一九四二）ほか多数。

（吉川弘文館、二〇一六）で示したように、実際に、旧満洲の農業開発に成果を発揮していたのであった。

もちろん、戦争による資源収奪の影響を全国でも最も強く受けた上に、戦後の連続冷害がこうした北海道農業の「優越性意識」に対する反省を迫り、それが論争にまでなった。しかし、そこにおいても、戦前の『北方農業』に結集した人脈が戦後の中核的な指導者となって、北海道農業は再び国内の主産地として復活を果たし、さらには府県に対して自営農的中農層が厚く形成された中核農業地帯となっていったのである。その意味でも、『北方農業』の発刊にいたる「農業雑誌」の歴史、並びに『北方農業』が敗戦と戦後改革、農業団体再編の混乱の中で、一時の休刊から蘇《よみがえ》った過程を振り返ることは、中核的農業地帯となってもなお、新たな課題に直面する今日の北海道農業に示唆を与えるものと思われる。

農事実行組合の機関紙として

『北方農業』の歴史で見逃すことができないのが、『北海之農友』『農友』『北海道農業』というもう一つのルーツをもつことである。すでに見たルーツが北海道農業の指導者向けであったとすれば、こちらは農家向けであり、しかもこの両者は決して別々ではなく、相互に役割分担しつつほぼ同じ理念に基づいて発行されていた。とはいえこちらのルーツが主要に担っていたのは、何といっても農事実行組合の組織化であり、後半には「農事実行組合の機関紙」と自ら名乗っていた。

府県の農業では、いずれ解体し消え去るものと多くの研究者が信じていた集落組織「むら」が、今日でも集落営農組織となって生き続けている。そして、北海道においては、この実行組合こそが農村集落の単位となるものであった。つまり、農業・農村においては、どんなに規模拡大しても各農家の生産・生活の両面において、地縁的な共助のための集落的結合は不可欠なものである。

その意味で、これまで歴史的には農政浸透の末端機関と評されてきた農事実行組合が、実は北海道におけるむら作りを担ってきたという事実を改めて確認する必要がある。それが昭和初期に急速に普及していったのも、不況と災害が打ち続く中で、農事実行組合が地縁的共助の組織として、農業経営改善、農村生活改善の寄り所となったからであろう。

『北方農業』の歴史を振り返ることは、農政をはじめとした中央からの農業施策に北海道独自の方策が対置される歴史だけではなく、農家レベルの生産と生活をめぐる北海道開拓の物語を語ることでもある。それは、経営規模的に見ればEU平均をしのぐ中核農業地帯となった北海道が、後継者不足と農村コミュニティーの危機という新たに直面している課題を考える上でも、何らかの手がかりを与えてくれるのではないだろうか。

第二話
『勧農協会報告』の創刊

勧農協会の設立

明治一四年（一八八一）一一月二六日（土曜日）、札幌豊平館において勧農協会という団体が設立された。設立発起人は九二名、開拓使官吏、札幌農学校卒業生等が多数名を連ねていた。この勧農協会こそが、『北方農業』のルーツの源《みなもと》である『勧農協会報告』の発刊者である。

ところでこの勧農協会については、これまで次の二点が指摘されてきた。一つは、明治一〇年代、全国各地で起こる老農を中心とした農談会運動の影響である。農談会運動は、明治一一年（一八七八）の愛知県北設楽郡農談会を皮切りに全国各地に勃興した農事改良を目的とする研究交流会のことで、その中心は各地の老農といわれる精農家だった。実際、勧農協会の発起人にも、有名な秋田の老農石川理紀之助[1]も名を連ねていたのである。

そして、もう一つの特徴は、発起人の顔ぶれからいっても、それが純粋な民間団体ではなく、開拓使肝煎《きもい》りの欧米農法普及を中心的な目的とするものだった点である。ただし、これだけではまだ、勧農協会設立の主要な動機が明らかとなったとはいえない。というのも、北海道にとってこの明治一四年（一八八一）は、開拓使の

[1] 石川理紀之助（一八四五〜一九一五）。秋田県生まれ、篤農家で明治、大正期を通じて農業指導者として活躍した。現在も継続している秋田県種苗交換会の創始者でもある。

廃止[2]を明年二月に据え、官有物払下げ問題でついには十四年の政変[3]が生じた大変な年であった。そこでは、開拓使廃止後の体制が不明確であっただけに、開拓使が緒をつけた事業をどう受け継ぐかが重要課題となっていた。官有物払下事件もその一環であったが、勧農協会の設立もまた同様な動機が強く働いていたのである。

「開拓使の民を恤（あわれ）み農を勧むるの典、固より優且大なりと雖ども、民間亦（また）共済の方なかる可けんや」という勧農協会設立の趣旨、またその創立委員が鈴木大亮、佐藤秀顕、細川碧といった黒田直系官吏と一三年（一八八〇）に卒業したばかりの渡瀬寅次郎[4]や荒川重秀[5]などの札幌農学校第一期生であったこともその証左といえよう。

渡瀬寅次郎と津田仙

そこでも指導的役割を果したのは、クラークの教えを直接受け、その時は開拓使民事部勧業課にいた渡瀬寅次郎である。勧農協会設立の趣旨にあたる創立委員の報告も、おそらく彼の筆によるものであり、そこにはやはり「華盛頓（ワシントン）曰、農人民職業中、最健全最尊貴而最有益者也」（ワシントン曰く、農は人民の職業の中で、最も健全で、最も尊く、最も有益な者である）という形でクラーク精神が表現されている。

彼はまた、発会式においても創立委員を代表して演説し、勧農協会設立の目的を「北海道農業の進歩を計画し当道移住者の便益を図り、此地開拓の事業を翼賛し以

2 開拓使は、北方開拓のために明治二年（一八六九）に設置され、十年計画の進捗を踏まえて黒田清隆長官の下で明治一四年（一八八一）に廃止方針が決まり、翌年二月に廃止となった。

3 黒田長官の下で開拓使廃止を前に、開拓使の官有物が安価に払い下げられたことに対して新聞などを通じて世論の批判が高まり、政府内でも大隈重信等が反対したのに対して、伊藤博文等がこの年の一〇月に大隈の罷免と払い下げ中止等を決めた出来事をいう。

4 渡瀬寅次郎（一八五九～一九二六）。江戸生まれ。東京英語学校卒業後に札幌農学校の第一期生となり、クラーク博士の薫陶を受け、大島正健、伊藤一隆らと共に、イエスを信じる者の契約に署名。卒業後に開拓使御用掛となる。

5 荒川重秀（一八五九～一九三一）。江戸生まれ。札幌農学校第一期生、卒業後に農商務省に勤めるが、その後新聞記者や商業学校教授、俳優、翻訳家など英語英文学の分野で活躍した。

て我輩日本の士民たる義務の一端を尽し、且つ会員各自の知識を交換するに在り」と述べており、そこには開拓使の国家主義的使命感があったことも見逃されてはならない。

ただし勧農協会、殊に『勧農協会報告』にはもう一つの前史がある。欧米農業の紹介者として名高い津田仙[6]が、明治一三年（一八八〇）一月より学農社から『農業雑誌』（明治九年創刊）の姉妹誌として発刊した『北海道開拓雑誌』がそれである。これは北海道をカリフォルニアに見立て、欧米農業普及のモデルとしようとした津田が、むしろ府県への北海道のプロパガンダを意図して発刊したものだった。それは、当然、開拓使とも連携しつつ農業技術と共に開拓使の施策や赤心社[7]の紹介も行っていた。しかし、この雑誌もおそらく開拓使廃止との関連で明治一四年（一八八一）八月の四十二号をもって跡絶えてしまい、この北海道の宣伝という性格も間接的にではあるが『勧農協会報告』に引き継がれたのである。

ちなみに、渡瀬は後に上京して東京興農園を起し、津田と並ぶ近代的種苗商となり、『興農雑誌』（明治二七年（一八九四）創刊）を発行することになるが、勧農協会に強く影響を与えたこの二人が同じ道を歩むことも、一つの歴史のめぐり合わせであろうか。

勧農協会の活動と『勧農協会報告』

さて、このように設立された勧農協会の主な活動は、毎月最終土曜日の月例小会

[6] 津田仙（一八三七～一九〇八）。明治期に農学者として、またキリスト者としても活躍した。明治四年（一八七一）に開拓使の嘱託となり、明治九年（一八七六）に学農社を設立して、農産物の栽培・販売・輸入、雑誌・書籍の刊行・販売などを始めた。

[7] 北海道日高の浦河に設立されたキリスト者の開拓組織。津田仙の協力でピューリタンの開拓を理想とした。

と通信での質問応答の二つによる会員の知識の交換というかなり地味なものであった。このうち前者は、自然科学的な農業技術の研究会といった性格が強く、明治一五年（一八八二）三月の第五回小会を例に上げると、三七名の参加の下、石灰効用論（宮崎道正）[8]、家畜管理論（岩根静一）[9]、蝗虫説（渡瀬寅次郎）の報告がなされている。これらの報告の特徴は、学理に基づく農業技術の検討というところにあり、それは欧米農法だけではなく、中には養蚕説といったものもあった。そして『勧農協会報告』（写真）の主要な記事となったのもこれら小会での報告である。『勧農協会報告』にはこのほかに、「会員通信」として各地の農法が紹介され、また雑報として勧業課御用係による各地巡回復命書も掲載され、奥地の開拓状況も紹介されている。

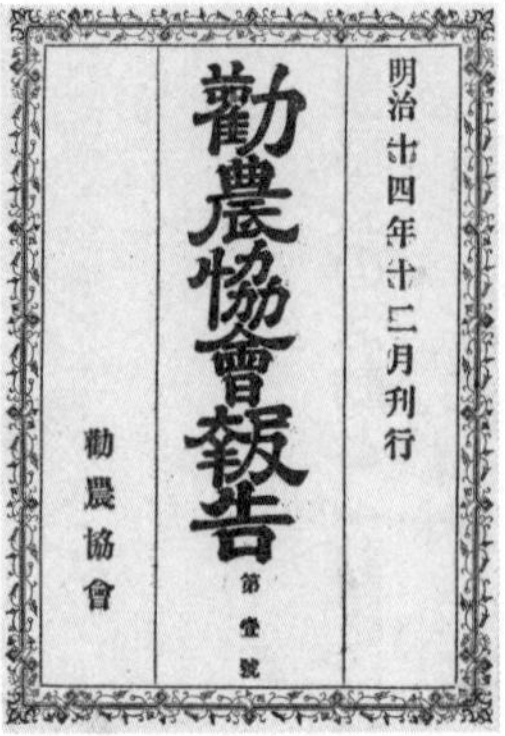

「近来水田大に開け米の産出年に多きを加ふる」というのは、第六号（明治一五年（一八八二）五月）に載った札幌郡円山村久慈克郎の「会員通信」であり、早くも水稲が普及しつつあったことを教えてくれる。このような『勧農協会報告』の最初の発行部数は二五〇部、勧農協会は札幌県庁から二五〇円の補助を受けていたというから、おそらくは無償で配布されたのであろう。

それにしても、全体としてみれば当初の『勧農協会報告』が研究会報告誌としての性格を強くもっていたことは、『北方農業』への系譜を考える上で興味深いが、

8 宮崎道正（一八五二〜一九一六）。越前大野藩（福井県）生まれ。開成学校（東大の前身）に学び、明治一一年（一八七八）札幌農学校の教員補となり、四年間在職し、志賀重昂等の指導を行う。その後、東京職工学校教授を経て、東京英語学校を創立し、雑誌『日本人』、新聞『日本』の発行にも関わった。

9 岩根静一（一八五二〜一九一二）。淡路島生まれ。阿波徳島藩で明治維新期に生じた稲田騒動により家老・稲田邦植に従って北海道静内に入植し、開拓使仮学校現業生として学んだ後、開拓使日高新冠牧場主任となる。その後、沙流郡に牧場を開き優良馬の生産を行う。ちなみに、阿波徳島藩の稲田騒動と北海道入植については、船山馨の小説『お登勢』（一九六九）に、ドラマチックに描かれている。

しばらくするとむしろこの点が内部対立の一因となるのであった。

農話会と北海道農業論争

このように比較的地味な勧農協会の活動の中で一大事業となったのは、明治一五年（一八八二）一〇月の農話会の開催である。これは渡瀬等の発議により同月札幌において開かれる第三回札幌農業仮博覧会に出席する道内の老農で集まりをもとうとしたものである。この企画は、最終的には札幌県勧業課から開催を勧農協会に委託されて開かれることになった。参加したのは勧農協会の中心メンバー二〇名に加えて、有名な所では赤心社沢茂吉[10]、赤毛種の選抜者である月寒の中山久蔵[11]、あるいは有珠、当別、余市等士族集団移住地の代表二〇名であり、「老農」といっても府県の老農とは少し趣が異なっていた。

この農話会の議題とされたのは、（一）畑地耕鋤の季節、（二）牛馬飼料、（三）農家常食の種類、（四）農産の将来に見込ある物、（五）牛馬力と人力と耕耘上の得失、（六）農家冬季の業、（七）肥料、（八）新墾の手続き、の八項目であったが、一〇月二六、二七日の二日間にかけても第六項までで時間は尽きてしまった。というのも第三項と第五項が大激論となったからである。中でも激論となったのが、第三項の農家常食の種類であった。そこでは完全に勧農協会員側と老農側が真っ二つに分かれ、太田（新渡戸）稲造[12]を代表として勧農協会側が米食からの脱却、麦食を主張したのに対し、沢茂吉を代表として老農側は米食をゆずらず、水田開発を主張

10 沢茂吉（一八五三〜一九〇九）。摂津国三田藩（兵庫県）の武士の家に生まれ、慶応義塾で学び、キリスト教の洗礼の後に牧師となり、明治一五年（一八八二）に赤心社に入社して元浦河に入植、元浦河教会の中心的人物となる、その後明治三一年（一八九八）には北海道議会議員に当選するが、翌年には浦河で死去。

11 中山久蔵（一八二八〜一九一九）。大阪府河内生まれ。月寒村島松に入植し、寒冷地米の「赤毛種」を栽培することに成功し、北海道稲作の父と称された。

12 新渡戸稲造（一八六二〜一九三三）。陸奥国岩手郡生まれ。内村鑑三、宮部金吾らと共に札

した。こうして同じく議論の分れた第五項では、牛馬耕が有利で決着がついたのに対し、この常食をめぐっては、結局、結論は出ず、開拓を指導する側と実行する側のギャップが鮮明となったのであった。

この点からも、勧農協会があくまで北海道農業を指導する立場に立つものであったことがわかる。この農話会は、翌明治一六年（一八八三）一〇月にも、農商務省御用掛船津伝次平[13]を迎えて農談会として開催された。しかしその頃にはすでに、勧農協会に一つの変化が起こっていた。『勧農協会報告』が明治一六年（一八八三）七月から一年間、発行が途絶えたことは、その現れである。そして明治一七年（一八八四）一〇月の第三回大会からは、渡瀬などの札幌農学校卒業生の結集が見られなくなり、勧農協会の活動にも明らかな停滞が生じてくるのである。

幌農学校の二期生。明治四年（一八七一）に叔父の太田時敏の養子となったことから、当時は太田姓を名乗っていた。明治一五年（一八八二）に農務省御用掛となり、その年の一一月に札幌農学校予科教授となった。その後は、台湾総督府技師、京都帝国大学法科大学教授、第一高等学校校長、国際連盟事務次長などを務めた。

13 船津伝次平（一八三二～一八九八）。上野国（群馬県）の出身で、中村直三、奈良専二とともに「明治の三老農」の一人。当時は、内務省御用掛、駒場農学校の教師として農業指導にあたっていた。明治一八年（一八八五）からは農商務省に入り農業巡回教師として全国各地で農業を指導した。

第三話　『殖民雑誌』と『北海之殖産』

勧農協会の停滞

明治一四年（一八八一）一一月、開拓使の大いなる野心を受け継いで設立された勧農協会であったが、その活動の停滞は意外に早くやってきた。それは、毎月発刊されていた『勧農協会報告』が、一六年（一八八三）八月より途絶え、一七年（一八八四）には、六月、一二月の二号のみであること、あるいは月例小会も一応開かれてはいたが参加者は減り、二〇名を越えることはめったになくなったことに現れていた。また会員総数についても、一六年（一八八三）一〇月の第二回大会時二〇〇名からほとんど増えていなかった。

こんなにも早く勧農協会の活動が停滞したのは、いったいなぜなのか。その理由としては、少なくとも次の三つが挙げられる。一つは、開拓使廃止後の三県時代[1]が開拓使時代への反省も含めて不安定な体制で、人的移動も激しく主要メンバーの離札も相次いだこと。もう一つは、勧農協会の重要な支えであった札幌農学校が生徒の応募減に加え、有名な金子賢太郎[2]の「三県巡視復命書」[3]によって廃校の危機に立っていたこと、そして第三には、現実の北海道開拓自体が、勧農協会が意図したようには進んでいなかったことである。

[1] 開拓使が明治一五年（一八八二）二月に廃止された後、北海道には函館県、札幌県、根室県の三県が置かれ、明治一九年（一八八六）に北海道庁ができるまで続いた。この時代を三県時代という。

[2] 金子堅太郎（一八五三～一九四二）。福岡藩士の子として生まれ、岩倉使節団の随行員となり、アメリカ留学、ハーバード大学で法学士の学位取得、帰朝後は伊藤博文総理大臣秘書官となり、その後、男爵となって貴族院勅選議員、伊藤内閣の農商務大臣などを歴任、日露戦争後は枢密顧問官となり「憲法の番人」を自認した。

[3] 伊藤博文総理大臣秘書官であった金子堅太郎が明治一八年（一八八五）七月から九月にかけて北海道を巡視した報告書。その中で、金子は植民政策が統一性を欠いているとして植民局の設置による植民行政の統一を提起した。この復命書により翌年に北海道庁が設置された。また、金子は、また復命書の中で、札幌農学校について「実業に暗く役に立たない」と酷評していた。

勧農協会の高邁な精神は、そうであるがゆえにいっそう現実とのギャップの下で、開拓使と同様行き詰らざるを得なかったのだった。

北海道庁の設置と協農協会

こうした中で北海道の植民行政は、明治一九年（一八八六）一月の北海道庁設置によって再び一元的な編成となった。それは当然、勧農協会の活動にも一つのインパクトを与えた。実際、初代北海道長官岩村俊通[4]は、自ら三月の月例小会に出席し、会員となると共に、勧農協会を積極的に後援する姿勢を示した。またその頃『勧農協会報告』も毎月発行に戻り、勧農協会の活動も再び活性化するかに見えた。しかし、明治二〇年（一八八七）に入ると『勧農協会報告』の発行は再び不定期化し、何よりも活動の基本であった月例小会が四月を最後に全く開催されなくなったのである。

この詳しい状況は不明だが、基本的には、月例小会及び勧農協会の活動が、欧米農法の技術的な知識の交換に終始し、そうした農法が受け入れられる社会経済的、制度的、歴史的条件に関する議論をなし得なかったからであると思われる。開拓使が緒をつけた欧米農法の導入は、即事的な農法自体の導入から、もう一段高いレベルの施策に進むことが求められていたのである。

ちょうどその頃、アメリカのジョンズ・ホプキンス大学で農政及び農業経済学を究め、ドクトル・オブ・フィロソフィーの学位を得て北海道へ帰還した者がいた。

4 岩村俊通（一八四〇～一九一五）。土佐国（高知県）生まれ。明治四年（一八七一）に開拓使判官として札幌の開拓を担い、開拓使大判官となる。その後、佐賀県、鹿児島県、沖縄県の県令を務めた後、北海道庁の初代長官として赴任し、明治二一年（一八八八）に長官を永山武四郎に交代して元老院議員となった。

札幌農学校第一期生、弱冠三二歳の佐藤昌介[5]である。彼の献策は直に岩村長官により採用され、札幌農学校も危機を脱すると共に、植民区画の選定等、それは以後の道庁による開発政策の礎《いしずえ》となってゆく。そして勧農協会も、この佐藤の登場でようやくその停滞から新たな脱皮をとげることになるが、その契機となったものこそ、明治二二年（一八八九）五月に創刊された『殖民雑誌』（写真）にほかならなかった。

『殖民雑誌』と佐藤昌介の大農論

この『殖民雑誌』の発行元は殖民雑誌社となっているが、その実態は南鷹次郎[6]や足立元太郎[7]を中心とする札幌農学校同窓会であった。そして彼らはまた、勧農協会の中心メンバーでもあったから、それは勧農協会内での札幌農学校卒業生の造反ともいうべき性格をもっていたのである。

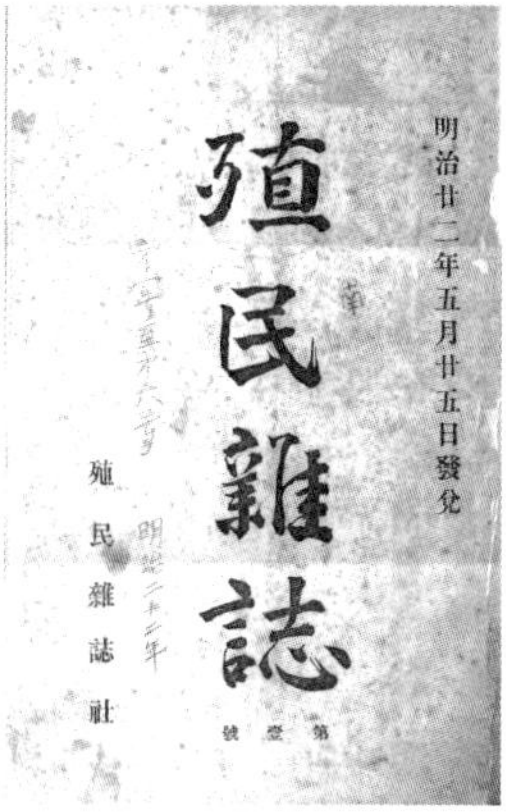

この雑誌の際立った特徴は、毎号冒頭に「社説」として、きわめて明確な主張を行ったところにある。その主題は、「殖民雑誌発兌之趣意」（一号）、「北海道の移住と外国の出稼」（二号）、「日本農業の改良と北海道殖民との関係」（三号）、「資本家何ぞ躊躇するや」（四号）等、いずれも北海道への殖民に焦点を定め、その意義を特に零細な日本農業の改良との関係で位置づけるものであり、

[5] 佐藤昌介（一八五六～一九三九）。岩手県花巻市出身。札幌農学校第一期生。卒業後、農商務省御用掛となり、ジョンズ・ホプキンス大学で農業経済学を学び、帰国後に札幌農学校教授となった。明治二七年（一八九四）には校長となり、明治四〇年（一九〇七）には東北帝国大学農科大学学長。大正七年（一九一八）北海道帝国大学設置と同時に総長となった。

[6] 南鷹次郎（一八五九～一九三六）。肥前国（長崎県）出身。札幌農学校第二期生。後に東北帝国大学農科大学教授、北海道帝国大学農学部初代農学部長。

[7] 足立元太郎（一八五九～一九一二）。江戸生まれ。札幌農学校第二期生。農商務省技師を経て、札幌農学校講師。その後、農商務省横浜生糸検査所に招かれ調査部長、所長となる。

明らかに佐藤昌介の大農論を理論的後循《うしろだて》とするものだった。

第一号に論説として掲げられたのも佐藤の「殖民論」であり、そこで彼は、それまでの北海道を「金庫」とする移住奨励を批判し、「北海道は尋常一様の国土にして府県地方と異」らずとした上で、北海道殖民を新たに経済的、国家的なものと提起する。つまり、経済的とは、府県の零細農民の立場、府県農業の改良の立場から見た有利さである。殖民の基本はこの経済的観念にあるとして、その上で個人の力及ばない道路や港湾等の社会資本の整備を国家の担当すべき責務としたのである。

それは、明らかに道庁の間接助長主義と軌を一にする、きわめて自由主義的な殖民論であった。よってアメリカの経験を踏まえているという点でいえば、開拓使との連続性も見逃しえない点であった。

『殖民雑誌』から『北海之殖産』へ

こうして、もはや時流の波に乗っていたのは、勧農協会ではなく『殖民雑誌』であった。しかしその間、勧農協会の活動が全くストップしていたのではない。『勧農協会報告』も継続しつつ二〇年（一八八七）に五号、二一年（一八八八）六号、二二年（一八八九）には四号が刊行されている。しかもそこには注目すべき変化も現れていた。すなわち、一つは開拓の進展を反映して、奥尻や網走、斜里といった奥地に地方会員が増えてきたことである。また、他の一つは、『勧農協会報告』の誌面が、かつての論説中心から統計や各地の農況、あるいは通達等の官報的性格を

強めていたことである。

こうした状況の中で明治二三年（一八九〇）に入ると『勧農協会報告』と『殖民雑誌』との合併が問題として持ち上がる。それは両者が一見対立するかのような外観を呈しただけに、当然の成り行きであった。そして双方協議の結果、組織的には勧農協会を残し、雑誌としては『殖民雑誌』の体裁を継続する『北海之殖産』なる誌名で発行することに決した。二三年（一八九〇）三月が、『北海之殖産』第一号（写真）の創刊となったのである。『勧農協会報告』は四十八号、『殖民雑誌』は六号が最終号であった。

このように、『北海之殖産』の創刊は、ある意味で『殖民雑誌』を介して、勧農協会を道庁の行政下に組み込むものであった。同時に勧農協会の主導権も、それまでの官吏グループから札幌農学校卒業生へと移った。『北海之殖産』第一号に早速掲載されたのも、佐藤の「北海道の農業に就て」だったのである。

こうして佐藤昌介は以後長く北海道の農業団体に君臨することとなるが、この佐藤にも誤算はあった。大農の一形態として小作制農業を「農業界緊要の制度」として評価し、北海道についても資本家の農場所有を積極的に勧奨したことである。もちろん彼が念頭に置いていたのは、イギリスの近代的小作制[8]であり、また小作制農業が北海道開拓の一つの推進力となったこともまちがいないが、結果的にそれは北海道の寄生的大土地所有を導くものでもあったのである。

8 三分割制とも言われ、一八～一九世紀にかけてイギリスで発達した貴族的大地主の下で、農業経営者が農業労働者を雇って行う大規模経営のこと。

第四話　北海道農会の設立

明治二〇年代の北海道農業

明治二三年（一八九〇）、『勧農協会報告』と『殖民雑誌』を合併して発刊された『北海之殖産』は、三四年（一九〇一）一月、前年に農会令に基づいて出来た北海道農会が『北海道農会報』を創刊するまでのちょうど一〇年間、中断なく発行されている。またその間に雑誌としての体裁も整い、毎号二〜三本の「論説」と各地通信委員からの「通信」、そして会員の質問に学芸委員が答える「問答」と時事的「雑報」の構成となった。しかも論説には、『殖民雑誌』を引き継いで政策的、経済的なものが多数を占めていたことが特徴である。

それは、この明治二〇年代の後半にようやく離陸する北海道農業の助走の時期として、様々な議論が沸き起こっていたからでもあった。その一つはいうまでもなく稲作をめぐってである。それは明治二五年（一八九二）、『改良日本米作法』の著者で横井時敬[1]と並ぶ駒場農学校の俊英、酒匂常明[2]の道庁赴任が契機となった。一方、もう一つの焦点は大農をめぐってであり、それは周知のように二〇年代初頭に相次いで試みられた華族等による大農経営が、数年を経ずして小作制農場へ移行していったことを背景としていた。それは、単に大小の問題だけではなく地主小作関係とい

1 横井時敬（一八六〇〜一九二七）。熊本藩生まれ。東京大学の前身である駒場農学校を卒業し、農商務省に奉職し、塩水選を考案するなど農学の指導者として活躍。明治二六年（一八九三）から帝国大学農科大学講師となり、翌年には教授となった。系統農会の設立を進言した「興農論策」は横井の筆によるといわれるが、その性格をめぐっては前田正名と対立した。『小農に関する研究』（一九二七）などが有名。

2 酒匂常明（一八六一〜一九〇九）。但馬国（兵庫県）生まれ。明治一六年（一八八三）に駒場農学校を卒業後、母校の教職に就き、農商務省属をかねて全国を農事巡回教師として回る。明治二五年（一八九二）に北海道庁財務部長として赴任し、稲作試験地を設けるなど北海道稲作の普及に貢献した。

う新たな問題も胚胎《はいたい》していたのである。

酒匂常明と北海道稲作

『北海之殖産』に酒匂常明の「北海道と米作」が掲載されたのは、明治二六年（一八九三）三月の三十三号である。それは前月の月例小会で行われた講演記録であったが、そこで酒匂は、稲作が北海道に適するか否か、というそれまでの視点からではなく、日本人と米は切り離せないという前提に立って次のように述べている。「今の処では果して出来るものか、又出来ぬものか分からぬが、是非出来す様に研究することが肝要《かんよう》である（中略）是れは政府の義務だろうと存じます」。そしてその言葉通り、彼は道庁において上白石、亀田、真駒内に稲作試験場を設置し、積極的な稲作奨励に乗り出したのであった。

このような道庁の新方針が移住民に好意的に受け取られたことは、当時すでに水田が二、六〇〇町歩に達していたことからも想像に難くない。『北海之殖産』にも、もはや反論は現れていない。むしろ桧山郡の藤田貞元は積極的な水田拡張論を説き、九十二号（三一年（一八九八）二月）では、登熟せずとも藁だけで米作の利益は大小豆に勝るとまで論じていた。また、札幌農学校でも明治二八年（一八九五）から南鷹次郎等によって稲作試験が開始されていた。百二号（三二年（一八九九）一〇月）では、札幌農学校学生草場栄喜[3]が「実験場より決して危険ならず大に奨励説を主張するものなり」と述べており、稲作をめぐっては、この頃もはや決着がついた

[3] 草場栄喜（一八七三〜一九五三）。佐賀県唐津生まれ。明治三三年（一九〇〇）、札幌農学校本科を卒業。地方農学校教諭を経て、岐阜高等農林学校教授、校長となる。

といってもよかったのである。

大農・小農問題と高岡熊雄

移民の原理を経済性に求め、間接保護主義と資本の移住を主張したのは、佐藤昌介であった。しかしそれに呼応した組合華族農場や橋口農場等の大農経営は、明治二五年（一八九二）にはいずれも行き詰り、道庁の間接保護偏重にも疑問がなげかけられた。そしてその旗手となったのは星野和太郎[4]である。

彼は二十二、二十三号（三五年（一九〇二）四、五月）に「北海道現今の農業及農民」という実証的分析を行い、二十四号では「北海道農業振興策」として、「本道農民の最多数は貧困にして未だ衣食も其全きを得す」とし、副業や頼母子講等の自救策に加え、土地改良や組合、保険、農業教育といった小農保護の施策を道庁に強く迫ったのである。

しかし、この星野も「現今続々起る所の大地積の農場」の経営方式として小作法を提示している所からすれば、経営の大小よりむしろ重要な問題となりつつあった地主小作問題に対する認識は希薄であった。

この地主小作問題に最初に言及したのは、新渡戸稲造の「地主の其他に在住すると否との利害」（六十二号、二八年（一八九五）六月）であった。さらに、それを最も鋭く突いたのは、高岡熊雄[5]の「北海道に於ける大中小農の適度」（百～百二号、三一年（一八九八）一〇～一二月）である。これは道庁からの諮問に対する答申で

[4] 星野和太郎（生年等不明）。札幌農学校第九期生、明治二四年（一八九一）卒業、宮部金吾の弟子。『札幌農学校同窓会事業報告』（一八九五）などの著書がある。

[5] 高岡熊雄（一八七一～一九六一）。津和野藩（島根県）生まれ。札幌農学校では新渡戸稲造の下で学ぶ。卒業後に母校助教授となり、農政学植民学を担当し、ドイツに留学。ゴルツ等の歴史学派に学び、帰国後は社会政策として中小農保護を論じた。昭和八年（一九三三）には北海道帝国大学の第三代総長となる。

あり、そこで高岡は世界の諸理論を渉猟《しょうりょう》し、大中小農とは経営上の問題であって土地所有の大小ではないことを明確にし、おおよそ大農・小農問題に理論上の決着をつける。それ以上に注目されるのは、高岡がその過程で小作制度を厳しく批判し「農業の改良進歩上歓んで迎ふ可きものにあらずしてて寧ろ必要的不善」と呼んでいたことである。

ここで彼の主眼は自作中小農の育成にあったが、実際には明治三〇年（一八九七）の国有未開地処分法によって大地積無償処分の途が開かれ、むしろ北海道の寄生的大土地所有はこれから成立してゆくのであった。しかもその法案の成立に最も力あったのは北海道に大きな資本を投下し、貴族院を中心に一大政治勢力となっていた近衛篤麿[6]を会頭とする北海道協会にほかならなかったのである。

北海道農会の設立

こうした二〇年代の動きの中で、もう一つ見のがせないのは勧農協会の組織的発展である。その際、その主導権が佐藤昌介、南鷹次郎、伊吹鎗造[7]等札幌農学校卒業生にあったことはすでに述べた通りである。それはこの一〇年間変わることはなかった。ただし、この間の組織的発展はむしろ外からのインパクトによっていた。明治二六年（一八九三）、大日本農会幹事長となった前田正名[8]が「竜が雲に乗る勢い」で始めた系統農会設立運動がそれである。そして二七年（一八九四）の全国農事大会は、それを決議する歴史的大会となるものだった。

6 近衛篤麿（一八六三～一九〇四）。近衛忠房の長男として生まれ、祖父忠煕の養子となって家督を相続。近衛文麿・秀麿の父。明治一七年（一八八四）に公爵、二三年（一八九〇）に貴族院議員。二八年（一八九五）から貴族院議長。アジア主義思想を唱え、対ロシア強硬論を展開する。明治二六～三八年（一八九三～一九〇五）まで北海道協会会頭を勤める。

7 伊吹鎗造（出生年不明）。札幌農学校第三期生。卒業後、根室県に奉職し、後に北海道庁属。明治二五年（一八九二）に札幌で農業を自営する。

8 前田正名（一八五〇～一九二一）。鹿児島生まれ。内務省勧農局に出仕し、フランスに留学。明治九年（一八七六）に帰国。内務省御用掛、その後大蔵省・農商務省の官吏となり、明治一四年（一八八一）に『興業意見』全三〇巻をまとめる。明治二三年（一八九〇）に農商務省次官となるが、農商務相陸奥宗光と対立して下野。以後、全国を単身遊説して実業団体の結成を勧誘し明治二六年（一八九三）には大日本農会の幹事長となって系統農会設立運動を展開、明治

この全国農事大会に、前年に名称を「北海道農会」と改称していた勧農協会は、星野、新渡戸、泉麟太郎[9]等に一二三の議題に対する答案を作成させ、その印刷物を持って小川二郎、添田欽允を代表として派遣している。この大会の模様が、五十五号（二八年（一八九五）一月）に「全国農事大会顛末報告」として掲載されている。そこで注目されるのは、彼らが農政運動を否定する横井時敬等と対立して自主的な系統農会をめざした前田正名、玉利喜造[10]等と積極的に結んでいたことである。

この「北海道農会」の姿勢は、道内では支会設立の動きとなって現われ、三〇年（一八九七）末までに篠路、余市、由仁、角田、栗沢に支会が作られた。また各地に簇生してきた農会、農談会へも講師派遣の形で関係が強められたのである。三一年（一八九八）七月には前田正名を迎えての懇話会も開かれている。

このように二〇年代を通じて、札幌農学校卒業生を中心とした「北海道農会」の組織は、士族移住地、団体移住地をも包摂し、六〇〇余名の組織まで発展していった。この動きこそが、三三年（一九〇〇）一二月に農会令に基づき設立される北海道農会の主要な前史であったことは明記される必要がある。

実際「北海道農会」は農会令を歓迎し、三三年（一九〇〇）一旦名称を北海農会に改称した後、全財産の新しい北海道農会への寄付を決議して一一月解散した。しかし、系統農会の設立は、前田正名の隠遁にも示されているように、政府の農事改良機構へ組み込まれることも意味していた。新たに設立された北海道農会も、確かに会長は佐藤昌介であったが、その会員はこれまでの多様な個人ではなく郡農会となったのである。

二七年（一八九四）の全国農事大会開催の立役者となって、農会法や系統農会設立に貢献した。しかし、横井時敬らと対立、大日本農会を出て再び在野の実業指導者となった。

9 泉麟太郎（一八四二～一九二九）角田藩（宮城県）生まれ。藩の要職に就き、明治維新後に藩士・家族と共に胆振国室蘭郡へ移住。開拓にめどが立った明治二一年（一八八八）に「夕張開墾企業組合」を組織して、夕張郡の原野に入植し、角田村を拓き初代村長となる。角田村は戦後に栗山町となる。

10 玉利喜造（一八五六～一九三一）。薩摩藩（鹿児島県）生まれ。駒場農学校第一期生。郷里の先輩前田正名に協力して大日本農会の参事となり、全国農事会と中央農事会の幹事長を務める。その後、明治三六年（一九〇三）にわが国初の高等農林学校である盛岡高農の初代校長、明治四二年（一九〇九）には鹿児島高等農林の初代校長となった。

第五話　『北海道農会報』と『北海之農友』

農会は地主団体か？

明治三三年（一九〇〇）一二月、農会令に基づく北海道農会が設立された。それは同時に、一六の郡農会、一五〇余の町村農会の設立でもあった。これが二〇年代後半に組織的に発展した勧農協会を基礎に、各地の農談会を結集したものであることは第四話で述べたとおりである。しかし、それだけで、農地所有者と耕作者のすべてを会員に系統的に組織された農会の意義が示されたわけではない。そこでは、系統農会とは何かという性格の理解が一つの問題となる。

これに対して、戦後の歴史学では農会＝地主団体という理解が通説だった。これは会長に地主が多いという程度のことであって、その機能や役割まで踏み込んだものではない。そこで注目すべきなのは、明治政府が全国農事会へ一定の譲歩を与えてでも、農会の活動に期待したものは何かという点であろう。それはやはり、農会の自主的農事改良機関という性格であり、その背景には日清戦争後の農業条件の好転がもたらした農業生産の粗悪化があった。さらに、藩政期から続く自治村落の機能や名望家としての在村地主の役割にも期待していた。それは、北海道について言うと、東武[1]に代表される農場管理人等の指導力への期待でもあった。

[1] 東武（一八六九〜一九三九）。奈良県十津川村生まれ。明治二二年（一八八九）の水害被害を契機とする十津川村の北海道移住を指導して新十津川村の開拓事業を推進した。後に北海タイムス社（現在の北海道新聞）の経営を経て衆議院議員となり、その後、田中義一内閣の農林政務次官ほか政府の要職を務めた。

ともかく、この農会への要請は北海道においてはより強いものがあった。ようやく移民は増加してきたものの、移住民の農業は未だ農法の未確立により粗放、劣悪だったからである。明治三十四年（一九〇一）の地方費法による地方巡回教師の制度化もその一つの反映であり、園田長官[2]が北海道農会の設立にあたって強く求めたのも、施肥の普及等であった。北海道農業もようやく議論の時代を終り、実践の時代となっていたのであり、このことが『北海道農会報』の誌面を強く規定づけたのである。

技術の時代と『北海道農会報』

『北海道農会報』第一号（明治三四年（一九〇一）一月）（写真）には、佐藤昌介の「農会に対する希望」が掲載されている。ここで佐藤は会長として「農会と農事問題」から始めて一五項目にわたって農会の活動のあり方を述べている。中でも「事実を調査して帰納的判断を与へる智能の府たるべきことは平素自ら期す所なかるべからず」の言葉は注目される。系統農会の基調に流れる姿勢を端的に表現したものだからである。

こうしてそれ以降の論説には、政策的、経済的な論説が多数を占めた『北海之殖産』

2 園田安賢（一八五〇〜一九二四）。薩摩藩（鹿児島県）生まれ。明治政府の下で警察官となり、石川県警部長など警察畑を歩き、警視総監を勤め、男爵、貴族員議員ともなる。その後、明治三一年（一八九八）から第八代北海道長官となった。

とは打って変わって、病虫害防除や肥培管理、家畜飼養といった技術に関するものがほとんどを占めるものとなった。開拓の進展の中で時代はまさに「技術の時代」となっていたからである。しかもそこには新しい執筆者として、半沢恂[3]、石沢達夫[4]、高橋良直[5]、山田勝伴[6]といった一群の若手が登場してくる。彼らはいずれも札幌農学校に新設された農業生物、畜産、農芸化学、農学といった専門学科卒の新しい世代であり、第一次世界大戦後の農業再編成期に決定的役割を演ずる人達であった。

しかし、その間に制度的な問題がなかったわけではない。むしろ未開地処分法による土地投機や不正への批難が高まっており、明治四一年（一九〇八）には未開地処分法の改正も行われた。ただし、それも骨抜き法案であったことが示すように、そこには寄生的な地主の力が壁となっていた。『北海道農会報』でもそれはあまり問題とならず、角田啓五郎[7]が「北海道大農場に望む」（五十五号、三八年（一九〇五）一月）で少し触れた程度である。明治三四年（一九〇一）より『殖民公報』が発刊されていたことも理由の一つではあったが、『北海道農会報』の記事が農事の技術問題に片寄っていたことも事実であった。

日露戦後不況と道農会の再編成

『北海道農会報』には、このほかに雑録として各地の農況や各種の農事統計がかなりの紙面を占めていた。また郡町村農会報告の欄では、各地の農会の役員や品評会といった活動が紹介されていた。ただしこの間、町村農会の活動が活発であった

3 半澤洵（一八七九〜一九七二）。札幌市生まれ。札幌農学校農業生物学科で宮部金吾の下で植物病理学を学び、明治三四年（一九〇一）に卒業後、北海道帝国大学教授、札幌遠友夜学校校長、戦後は市立名寄短期大学学長となる。

4 石沢達夫（一八七五〜一九二一）。盛岡市に生まれ。札幌農学校畜産学科を明治三四年（一九〇一）に卒業後に道庁技師となり、畜産巡回教師など畜産の分野で活躍した。没後に『北海道畜産界の恩人石沢達夫業績顕彰録』（一九四四）が刊行されている。

5 高橋良直（一八七二〜一九一四）。札幌郡白石村生まれ。札幌農学校農業生物学科で植物病理を学び、明治二八年（一八九五）に卒業後、北海道農事試験場において新品種の育成などに取り組んだ。

6 山田勝伴（一八七八〜一九四六）。最初の屯田兵として斗南藩から琴似村に入植した元津軽藩士の子として生まれ。札幌農学校農学科を明治三七年（一九〇四）に卒業後、北海道庁技師として明治、大正、昭和を通して活躍した。著書には、『最新

わけではない。むしろ集落的結合の希薄な北海道の開拓地では、「本道町村農会の数目下百五拾五に達するも其活動の実を挙ぐるもの寥々《りょうりょう》として恰《あたか》も暁天《ぎょうてん》の星の如き」という状態であった。そして、日露戦後の不況が会費滞納となって、その活動を更に停滞に追い込んだのである。

しかし、不況はまた農会の活動強化がより強く要請される状況を意味した。明治四一年（一九〇八）三月、第一回の郡農会長協議会が開かれたのもそのためであった。そこで道庁長官から諮問された議題も「町村農会の基礎を強固にし且発達を図る方法如何」だった。そこで論議されたのは、補助金の増加や技術員の設置等、道庁の勧農行政との連携強化であった。そして、北海道農会がその方向へ大きく踏み出す契機となったのは、四一年（一九〇八）四月の佐藤昌介から道庁第一部長山田揆一[8]への農会長の交代であった。

これは、佐藤が札幌農学校の帝国大学昇格で多忙となったことを理由としていたが、基本的には道庁による道農会へのテコ入れにほかならなかった。しかも山田は、当時の河島醇[9]長官による新産業方針を受けて、早速山田勝伴、蠣崎知二郎[10]、高橋良直といった道庁、試験場技師を道農会の嘱託技術員とした。さらに、四二年度（一九〇九年度）より地方費による農会補助を倍にし、しかも郡町村農会事業費補助規程を設けて、それを下級農会へ交付して、試作畑、種苗園、品評会、技術員の設置といった事業の積極的奨励を開始したのである。

こうして道庁と道農会との関係は強化されることになったが、これもまた系統農会が自主的農事改良機関から最終的には国家的農事指導組織へ推転してゆく上での

苹果栽培法』（一九〇九）、『余が見たる丁抹の農村』（一九二五）や『開拓使最初の屯田兵―琴似兵村』（一九四四）などがある。

7 札幌農学校農業経済学科、明治三三年（一九〇〇）卒業。

8 山田揆一（一八四七～一九二五）。一関藩（岩手県）生まれ。官吏となり、宮城県収税長を皮切りに、石川県、鹿児島県、広島県、滋賀県、福岡県に勤務、当時は北海道内務部長で大正二年（一九一三）まで勤めた。その後、大正四～八年（一九一五～一九一九）まで仙台市長を務めた。

9 河島醇（一八四七～一九一一）。薩摩藩（鹿児島県）生まれ。ドイツ留学後の明治七年（一八七四）に外務省に入り、以後、海外公館での勤務の後、大蔵省参事官で退任し、衆議院議員に出馬、連続四回当選し、立憲自由党幹事などを務めた。その後、滋賀県・福岡県の知事を歴任後、明治三九年（一九〇六）から北海道長官となっていた。

10 蠣崎知二郎（一八七七～一九四五）。札幌農学校農業経済学科、明治三四年（一九〇一）卒

一つの重要なステップであった。

北海道農友会の設立と『北海之農友』

ただし、この期の道農会の再編成は、決して上からだけのものではなかった。明治四二年（一九〇九）一月の北海道農会主催農事講習会に結集した講習生を中心に結成された北海道農友会の活動が、もう一つの動きである。もちろんその役員は、会頭が道農会幹事長屋平太郎[11]、副会頭が道庁技師山田勝伴、幹事長が道農会技師吉田貞造と、あくまで道農会の管轄下にあったが、幹事は各地の篤農家や青年農家が担い、系統農会より明らかに農民的であった。しかもそれは農業篤志家による全道一本の個人加盟の組織で、官吏や学者をも名誉会員としている等、勧農協会に類似していたのである。

そして、この機関紙となったのが『北海之農友』（写真）であった。その記事は『北海道農会報』と似かよっていたが、指導者向けの農会報とは違って、漢字すべてにルビをふった平易な文章で一般農家向けを明確にしていた。また質疑応答や農家の経営に関するものも多く、「農家は極力商家の仕込を廃すべし」や「産業組合の利益」といった記事があるのも注目される。しかも、第七号よりその編輯幹事

業。有島武郎の同期生、卒業後は北海道庁技師として活躍、著書に『北海道農業経営法要説』（一九一五）がある。

11 札幌農学校第八期生、明治二二年（一八八九）卒業。

長となったのは、後の昭和恐慌下に梁田農政の名を馳せる梁田参[12]であった。

こうして、明治四〇年代に入って農会は農事指導機構としての性格をいっそう強め、指導者向けの『北海道農会報』と農家向けの『北海之農友』という体制ができあがる。この体制が、以後両者が合併されて『北方農業』となる昭和一七年（一九四二）まで続くのである。

12 梁田参は、札幌農学校農芸化学科を明治四〇年（一九〇七）に卒業し、道庁技師となり、昭和恐慌下に農産課長として活躍した。

第六話
農業再編成への序曲

町村農会の活動と技術員

明治四二年（一九〇九）、北海道農会は北海道内務部長の山田揆一新会長の下で下級農会事業費補助を開始し、試作畑、品評会、害虫駆除、副業奨励等について町村農会の活動の活性化が図られた。それは第一次大戦後に本格化する補助金農政の走りともいうべきものであった。

ところで、明治四四年（一九一一）一二月の『北海道農会報』（十一巻百三十二号）には、帝国農会が全国の道府県農会に対して行った「市町村農会の活動方法に関する調査」が掲載されている。それによると、市町村農会不振の原因の第一には、「大地主往々冷淡なること」が挙げられ、不況の中で大地主が農事改良から撤退する傾向がはっきり現れている。こうしたことから北海道でも道庁より「地主会設立に関する要綱」（明治四二年（一九〇九））が出され、「地主をして農業の中心たらしめ」ようとする動きがあった。だが、寄生化しつつあった大地主を生産部面へ引き戻すことはもはや無理であった。

他方、市町村農会の活動を促す方法として第一に挙げられたのは、「各市町村に専任の担当又技術者を置きて専心其事業に尽さしむること」であった。道農会でも技術員の設置が下級農会事業費補助に含まれていたが、それは郡農会に留っていた。このため、大正二年（一九一三）、補助対象に町村農会が加えられ、この年「少なくとも枢要地二十五町村農会に、技術員を設置」することがめざされた。これ以後、町村農会の技術員数は表（次頁）のように増加してゆくが、こうした技術員には厳格な資格が要求され、そのほとんどが札幌農学校農芸伝習科、あるいは明治四十年に開校した空知農学校、または府県の農学校の卒業者であった。

こうして、任意の個人加盟組織から帝国農会（明治四三年（一九一〇）設立）を頂点に系統的に組織されるものとなった農会は、技術員が設置されていくことによって、農事指導組織として一本筋の通ったものへと発展してゆくのである。

不況下での事業の拡張

技術員設置と合わせて、この時期に農会が勢力的に推進したのが、明治四二年（一九〇九）に定式化された「五大要項」（一）作物品種の改良、（二）選種方法の励行、（三）厩肥堆肥の製造、（四）家畜家禽の奨励、（五）病虫害の駆除予防であった。このうち（二）（三）は、明らかに旧開地における無肥料連作による原生的地力の喪失が念頭に置かれていた。ただし、第一次戦後のように、経営方式という所までそれが有機的に位置づけられてはいなかった。その意味でも中心となったのは、（一）と（五）、特に（一）作物品種の改良であった。それは、道庁、試験場の技師も参加した年一回の全道技術員協議会で指示され、徹底が期されたのであった。

表　道農会より下級農会への技術員俸給補助額と技術員数の推移

単位：円、人

年　次	郡農会		町村農会	
	補助金額	技術員数	補助金額	技術員数
大正2年（1913）	3,450	18	2,200	23
大正3年（1914）	3,640	15	4,585	34
大正4年（1915）	3,600	17	5,145	54
大正5年（1916）	3,840	18	6,712	68
大正6年（1917）	3,703	18	6,654	86
大正7年（1918）	3,678	17	7,578	101
大正8年（1919）	3,642	22	7,643	110

注）各年度『北海道農会経費決算』より

しかし、この時期の農会の事業には、こうした技術普及のみならず、不況下での農家経営の悪化を背景とした新たな事業が加わっていたことを見逃すわけにはいかない。副業の奨励等はいうまでもないが、中でも重要なものに産業組合[1]の普及があった。道庁でも低利資金の供給などによって産業組合の積極的奨励を開始していたが、道農会は明治四二年（一九〇九）に率先して大日本産業組合中央会に加入し、中央から講師を招いて産業組合講習会を各地で開催した。この時期ようやく各地で活動を開始していた産業組合についても、町村農会による指導が決して少なくなかったのである。

一方、それでもまだまだ微弱な産業組合の活動をカバーするものとして、農会が取り組んだものに販売・購買の斡旋・仲介がある。中でも重要なのは軍用燕麦の共同販売であった。これは、商人との攻争のすえ、明治四二年（一九〇九）、北海道燕麦生産代表者聯合会を道農会が別組織として作り、その体制を整えた。また購

[1] 戦後の農業協同組合の前身となる産業組合は、品川弥二郎、平田東助の尽力によりドイツのライファイゼン協同組合をモデルとして明治三三年（一九〇〇）に産業組合法が成立し、日露戦争後に普及が図られていた。この当時は、信用組合、販売組合、購買組合、利用組合など事業別に組織される場合が多かった。

買では、拓銀の肥料資金貸借者に対して、例えば大正四年（一九一五）三〜五月で九〇〇団体、約三、〇〇〇名に一五万円の肥料を仲介している。

ただし、これら先駆的取組があったとはいえ、やはり当時の市場流通を支配していたのは未だ仕込商人による仕込取引であった。道農会も関係した薄荷の共同販売が、サミュエル事件[2]に帰着したことからもそれは十分に伺われるであろう。

調査事業の進展

一方、『北海道農会報』の記事にも、大正に入ったころより一つの変化が現れてきていた。論説の中にしだいに調査報告が増加してきたことである。もちろん農会と調査の関係は古く、有名な「稲田経済調査」を始めとして、明治三五年（一九〇二）からはいわゆる「農事統計」が市町村農会の調査を基礎として編纂されていた。

ただし、ここでの調査報告はそれらとは違い、明確な課題について専門家に依託したものや、中には道農会自らが調査し分析したものである。例えば、大正二年（一九一三）には石沢達夫「北海道の牧羊について」（十三巻一一〜十四巻二）、三年（一九一四）には山田勝伴「薄荷に関する調査」（一四巻三）、道農会「本道乳製品に関する調査」（一四巻九、一〇）、四年（一九一五）には上原轍三郎[3]「米価と本道農民」（一五巻二）、岡村精次[4]「北海道稲作農業の経済的研究」（一五巻〜一六巻）、五年（一九一六）になると道農会「輸出貿易品としての本道産馬鈴薯澱粉の経済的調査」（一六巻八、九）等である。これらは、大正四〜五年（一九一五〜一九一六）

[2] 北見地方に広がっていた薄荷栽培は、仕込み商人間の談合で買いたたかれていたため、明治四五年（一九一二）に道庁と道農会の斡旋で有利価格でのサミュエル商会への委託販売が企画されたが、商人が察知して高値の買い付けを始めたため、相場は大混乱し、サミュエル商会は損失を被り、生産者を相手取って訴訟を起こすにいたった。これをサミュエル事件という。

[3] 上原轍三郎（一八八三〜一九七二）。広島県生まれ。東北帝国大学農科大学（札幌農学校の後身）農業経済学科で高岡熊雄に師事し、大正元年（一九一二）に卒業、その後は北海道帝国大

から欧州大戦による景気好転はあったものの、やはりそれまでの不況や大正二年（一九一三）の大凶作を背景に、農家経済に照準を合わせたものであることに共通の特質があった。

しかし、より直接的な背景は、大正元年（一九一二）より高岡熊雄、大島金太郎[5]、橋本左五郎[6]等を中心に産業調査会による本道産業の全面的な調査が進められていたことである。それは大正三年（一九一四）以降『産業調査報告』全一九巻へと結実していくが、そこには第一次大戦後に実施されてゆく施策のほとんどが網羅されていたのだった。そして同様な意味で、この期に進められた北海道農会の調査事業も、大戦後の北海道農業の再編成において、少なくない意味を持つのである。

農事改良実行組合

この時期もう一つ見逃せないのが、部落団体をめぐる動きである。この点も早くは、河島醇長官が明治四二年（一九〇九）の「北海道産業奨励実施標準」の中で、「産業上の施設奨励は部落を以て単位とす」という方針を打ち出していた。これは多分に全国的な日露戦後の地方改良運動に触発されたものと思われるが、それでもやはり、北海道農村の農村社会としての一定の成熟を反映したものでもあった。それゆえ、その方針は産調報告にも引き継がれ、高岡熊雄を主査、山田勝伴、石沢達夫を委員とした第一〇巻「農事団体」は、「農会の将来」の項において、「農会の実績を挙げんと欲せば一町村の区域を更に区分し部落単位の農業団体即部落農会を組

学農学部教授となった。戦後は北海学園大学学長となる。

[4] 東北帝国大学農科大学農業経済学科、大正四年（一九一五）卒業。

[5] 大島金太郎（一八七一～一九三四）。札幌農学校で農芸化学を専攻し、明治二六年（一八九三）卒業後に欧米に留学、帰朝後は札幌農学校教授、東北帝国大学及び北海道帝国大学教授、北海道農業試験場長を兼務した。大正一〇年（一九二一）に台湾総督府中央研究所へ赴き、昭和三年（一九二八）には台北帝国大学教授となった。

[6] 橋本左五郎（一八六六～一九五二）。札幌農学校で畜産製造を専攻し、明治二二年（一八八九）に卒業後は同校助教授、東北帝国大学及び北海道帝国大学教授、農学部付属農場長、北海道庁畜産課長、北海道農会副会長などを歴任した。

織するを最も必要なりとす」と提起したのである。

そして大正六年（一九一七）一二月の道庁による「農事改良実行組合設立綱領」の通牒は、それが具体的な施策となって登場したものであった。それは、「部落を単位とし、町村農会に所属」させることによって、配付種子の増殖ほか農事改良の末端単位を担うものとされている。さらに、それのみに留まらず農事実行組合は、第一次大戦後の農村社会秩序の動揺の下で、新しい北海道的な農村集落の単位ともなっていく。また、そこにおいて重要な役割を果たしたのが、『北海之農友』を大正一〇年（一九二一）に改題した『農友』であった。

第七話　反動恐慌と宮尾農政

時局と本道農業

大正三年（一九一四）に欧州で始まった第一次大戦は、長く不況に喘いできた北海道農業に一転して未曾有《みぞう》の好景気をもたらした。戦乱で大陸からの輸入の途絶えたロンドン市場に道産の菜豆、青豌豆、馬鈴薯澱粉等が引き込まれたからである。実際、その輸出の伸びはすさまじく、大正六年（一九一七）にこの三つの輸出額は四、六〇〇万円、大正元年（一九一二）の三四倍にもなり、作付比率もこの三つで約四三倍にも達した（「時局と本道農業」『北海道農会報』十八巻八号、大正七年（一九一八））。この結果、道内の各所には豆成金、澱粉成金が族生し、また大正三年（一九一四）から一〇年（一九二一）までに道内は人口で五〇万人、耕地面積で二〇万町歩が増加したのである。

しかし、その農業の実態は、極めて投機的な単作と連作であった。地力対策といっても景気にまかせて大豆粕や過燐酸等の金肥を金に糸目をつけずに投入したものであり、早晩行き詰まることは目に見えていた。大正七年（一九一八）一月、この景気の絶頂の中で、時の俵孫一[1]長官が「眼前一時の好況に眩惑し、軽佻浮華《けいちょうふか》の弊、退嬰姑息《たいえいこそく》の風を馴致《じゅんち》せんが、戦後来るべき国際的経済競争に敗衄《はいじく》し、延《ひ》いて国運

1 俵孫一（一八六九～一九四四）。島根県生まれ。第一高校から帝国大学法科大学を卒業し、内務官僚となる。三重県知事、宮城県知事の後、北海道長官、その後、衆議院議員となる。

の隆昌を沮害《そがい》するなきを保せず」と戒告を発したのもそのためであった。しかしその時、事態はすでに行きつくところまでいっていたのである。

他方で、この好景気によって、例えば農作物の道営検査や農業倉庫の普及、また産業組合の進展等の農作物の商品化に係わる諸制度や組織が急激な発展を見せたことも見逃せない。道農会による建議や議論の大半もこれらについてであった。また北海道特有の仕込取引も農家の経済力強化を背景に崩れ始めていた。しかし大正八年(一九一九)秋には、すでに多額の金肥を投じた後の農作物の価格が大暴落し、北海道の農家はまたも厳しい恐慌につき落とされることになった。しかもその時、北海道の畑地の地力は徹底的に収奪され尽くしていたのであった。

人口食糧問題と宮尾舜治の登場

こうして北海道農業は、いわゆる再編成期といわれる時期に突入することになる。しかし、その再編の契機はむしろ北海道の外からやってきた。すなわち、大正七年(一九一八)の米騒動で顕在化した人口食糧問題である。「北海道における拓殖事業の拡張」と「その財源の確立」を政府に勧告したのは、米騒動後の人口食糧問題を審議していた臨時財政経済審議会だった。こうして北海道は、日本の植民地であった朝鮮、台湾と共に新たに食糧生産基地に位置付けられた。この方針を受けて大正一〇年(一九二一)に北海道長官に赴任した人こそ宮尾舜治だった[2]。彼は明治三三年(一九〇〇)から台湾総督府で、わが国希世の行政官後藤新平の知遇を得、また

[2] 宮尾舜治(一八五八～一九三七)。新潟県生まれ。東京帝国大学を卒業後、大蔵省に入省し

新渡戸稲造が作成した「糖業改良意見書」に基づく台湾の糖業開発に実際に携わった、まさに開発行政のエキスパートであった。

こうして、宮尾舜治の下で北海道の拓殖政策はそれまでの間接助長主義から、再び直接産業奨励へと転換された。その再編の方向は、危機が畑作の地力喪失に集中的に現われていただけに、二つの方向へ向うこととなった。すなわち、一つは畑の田への転換である。それは大正一二年（一九二三）の「水田造成三十万町歩計画」となって、土功組合への助成に拍車がかけられた。もう一つは、畑地の地力回復を目ざす農法の再編であり、それが宮尾農政の名を不動のものとしたデンマーク農業の導入であった。しかしこれらは、宮尾が後藤新平直系らしく調査研究を最大級に重視し、農事試験場の拡充や工業試験場の新設等に力を尽くした結果として、民意や試験研究の成果を反映したものであった。

丁抹《デンマーク》農業の導入

宮尾のそうした姿勢は、赴任早々の大正一〇年（一九二一）一一月、道農会に対して行った「（一）本道荒蕪《こうぶ》地回復に関する適当な方法如何、（二）本道農家をして家畜を飼養せしむる方法並に奨励上注意すべき事項如何」という二つの諮問にも現われている。他方で、道農会の側でも、この北海道農業の再興をテーマに農事研究会の開催が決定されていた。

大正一一年（一九二二）二月、三日間にわたって篤農家、専門家を結集して開か

て文官高等試験に合格、その後、台湾総督府、内閣拓殖局で開拓行政を経験して、愛知県知事から大正一〇年（一九二一）に北海道長官となった。大正一二年（一九二三）には帝都復興院副総裁となって関東大震災後の東京復興に携わった。なお、この時の総裁は後藤新平であり、彼の信認が厚かったことがわかる。その後は、国策会社の東洋拓殖総裁、貴族院勅選議員などを歴任した。

れた農事研究会は、「農事研究会要録」として『北海道農会報』（二十二巻五号、大正一一年（一九二二））に内容が掲載されている。それによると研究会は、（一）農家が一般に家畜を飼養せざる根本原因及び今後之を飼養せしむる方法如何（宇都宮仙太郎[3]）、（二）五町歩経営法（深沢吉平[4]）、（三）地力維持に関する意見（武田信基[5]）、（四）作物選択の方針並に作付反別割合に関する意見及経験（安孫子孝次[6]）、（五）病虫害駆除予防に関する意見及経験（柔山覚[7]）、（六）農業経営上最も大なる難点（深沢吉平）の六つの報告がなされ、それぞれについて討議されている。ここで宇都宮がデンマーク農業を推奨したとともに、音江村農会長深沢吉平も自らの実践を踏まえて自給作物第一、乳牛飼養等を説いたのであった。ことに彼は乳牛飼養を販売よりむしろ堆肥と農家の食生活改善の視点から提起し、また産業組合による低利資金の融通を強調した。

こうして、その年の道庁によるデンマーク調査に、深沢は民間人として唯一参加することになり、また翌年からはラーセン、コッホ等デンマーク、ドイツからの模範農家も到着して、デンマーク農業の導入は現実のものとなっていくのである。

[3] 宇都宮仙太郎（一八六六～一九四〇）。黒澤酉蔵（一八八五～一九八二）、佐藤善七（一八七四～一九五七）とともに〝酪農三徳〟といわれ、日本酪農の父とも言われる。大分県に生まれ、福沢諭吉の勧めで札幌真駒内の種畜場（エドウィン・ダン開設）の牧童となり、米国で研修の後に札幌で酪農を開始。ホルスタイン種を導入し、大正一二年（一九二三）に畜牛研究会を結成、のちの北海道製酪販売組合、酪聯、雪印乳業の基礎を作る。

[4] 深沢吉平（一八八五～一九五七）。山梨県生まれ。明治三六年（一九〇三）に北海道音江村（深川市）に入植、音江村長となり産業組合の普及に尽力、北海道議会議員、ホクレンの前身となる北海道信用購買販売利用

甜菜奨励と三宅人事

しかし、農法の再編には、もう一つ甜菜を柱とした輪作の普及があった。宮尾長官はそれを「北海道に於ける将来の理想的農業」（『北海道農会報』二十三巻一号、大正一二年（一九二三））において、農業の科学化、二〇～三〇町歩の独立農業、産業組合の普及等と合わせて、農作物加工の重要性の中で強調している。実際、宮尾による拓殖計画産業費は、ほとんどがこの甜菜糖業の奨励に費やされていた。そして、その施策の理論上の後ろ盾になっていたのは、当時北大農学部教授兼農事試験場長三宅康次[8]であった。

三宅については、久保栄[9]の名作『火山灰地』の滝本博士といった方がわかり易いかもしれない。土壌肥料学の権威として『北海道農会報』にも「甜菜栽培と本道」（二十三巻四、五号、大正一二年（一九二三））と題して、甜菜が北海道を適地とし、深耕と輪作法に欠かせないこと、牛の飼料となって有畜と結びつくこと等を論じている。また砂糖の国内自給の上からもその助成発達は「本道民の義務」と述べていた。

この方針の下に、大正一一年（一九二二）には農事試験場に糖務部が、また翌年には道庁に糖務課が新設された。初代の糖務課長ともなった三宅は、試験場については安孫子孝次に、そして道庁には和歌山から梁田参[10]を呼び戻して、実質的な仕事をさせることになる。つまりこの三宅人事によって、後の昭和恐慌期に「農業合理化方針」の下で北海道農政を担当する梁田―安孫子ラインの当事者が出揃ったので

聯合会理事、衆議院議員、北海道興農公社社長などを歴任した。

5 東北帝国大学農科大学農芸化学科、大正三年（一九一四）卒業。

6 安孫子孝次（一八八二～一九七三）。旧会津藩士で屯田兵の長男として生まれ、札幌農学校入学、改組により東北帝国大学農科大学農学科を明治四一年（一九〇八）に卒業後、北海道農事試験場技手となり、後に試験場長となる。地帯別農業の推進や農業練習生制度の創設を行った。

7 桑山覚（一八九七～一九八一）。釧路生まれ。東北帝国大学農科大学農業実科を大正六年（一九一七）に卒業後、北海道農事試験場技手となり、昆虫部主任、農業経営部長、試験場長を歴任、農業昆虫の権威。

8 三宅康次（一八八二～一九六八）。北海道生まれ。札幌農学校農芸化学科を明治三八年（一九〇五）に卒業後、東北帝国大学講師、北海道帝国大学助教授となり、欧米留学で土壌肥料学を修めて帰朝し、教授昇任。その後、農学部長、農事試験場長、日本土壌肥料学会会長などを歴任した。

あった。

　こうしてようやく、北海道農業も大正の終わり頃、農業再編成へ向けての歩みを開始したのである。

9 久保栄（一九〇〇〜一九五八）。日本の劇作家・演出家・小説家・批評家。札幌市に生まれ、叔父の養子となり上京、第一高等学校卒業後、築地小劇場に入団、以後、プロレタリア文学運動の一翼として演劇活動を展開。『火山灰地』（一九三八）は久保の代表作。
10 札幌農学校農芸化学科、明治四〇年（一九〇七）卒業。北海道庁技師となり、昭和恐慌期に農産課長として活躍した。

第八話
農事実行組合と『農友』

農事振興方針と農事必須事項

宮尾長官の下で大正一二年（一九二三）頃出揃った北海道農業再編のためのプランは、大正一四年（一九二五）には「農業振興方針」としてまとめられた。すなわち、（一）低利なる農業資金の充実、（二）農業組織の改善、（三）農畜産加工業の助成発達、（四）共同事業の発展、（五）販路拡張、（六）自作農扶殖、（七）農業試験機関の新設並に拡張、（八）農業教育の充実、である。見ての通りその内容は、きわめて包括的・総合的であった。これを基に大正末には乳牛導入や甜菜奨励はいうに及ばず、数度にわたる販路調査、北聯のテコ入れ、農試の琴似移転、十勝・永山農学校の創設等の思い切った施策が次々に実行に移されたのであった。

その再編の焦点は、地力収奪的な穀菽《こくしゅく》農業から、有畜・輪作を柱とする地力造成集約農法への転換にあったことはいうまでもない。その意味で見逃せないのが同じく大正一二～三年（一九二三～一九二四）頃、全道二〇九町村で樹立された「農事必須事項」である。これは道庁がそれまでの上意下達的施策の反省に立って、町村または部落を単位に農業振興方針の各地への具体化をめざし「自主的」に策定させた地域農業の再編プランにほかならなかった。

そしてこの「農事必須事項の実行を目的」に、町村農会の下部組織として奨励されることになったのが農事実行組合である（大正一五年（一九二六）「農事実行組合設立奨励規程」）。それは技術員の設置により農事指導の中心になりつつあった町村農会に農家を組織化するものであった。そして第一次大戦後の反動恐慌で中農層までが没落し、また道庁が自作農創設を意図して立案した「北海道農地特別処理法案」も挫折する中で、以後の道農政においてこの農事指導組織が占める位置はきわめて大きなものとなるのであった。

『北海之農友』から『農友』へ

この実行組合が全道的に組織されていく過程で無視できない役割を果たすのが、『北海之農友』を大正一〇年（一九二一）七月に改題した『農友』である。『北海之農友』はすでに第五話で見たように、明治四二年（一九〇九）に設立された個人加盟の農業篤志家団体・北海道農友会の機関紙であった。そして、それは『北海道農会報』が系統農会の役員・指導者向けであったのに対し、直接農家を対象としていただけに、農家の組織化という時代の要請に応えるものだったのである。

ところで、この『北海之農友』が『農友』

へ改題されるについては、改題号にあたる十三巻七号（大正一〇年（一九二一）七月）（写真）でおおよそ次のように説明されている。すなわち、今や農業界は一大展開時であるが、農友会は会員数三、五〇〇、しかも会員は道内はもちろん府県、はたまた樺太、朝鮮、満洲に及び、「是に於て乎、従来の『北海之農友』では、その範囲が余りに狭過ぎる観がないでもない」と。

この理由の細い詮索はともかく、この改題が農友会の新しい飛躍を象徴するものだったことはまちがいない。またこの改題と合わせるように、会頭もそれまでの長屋平太郎から小樽の地場資本板谷商船の板谷順助[1]へと変わった。しかし、運営の中心にあったのは、副会頭の山田勝伴であり、また編輯顧問の蠣崎知二郎、石沢達夫、安孫子孝次、伊藤誠哉[2]、三宅康次、若林功[3]、正見透[4]等、道庁、農試、道農会の中心であるとともに宮尾農政の立て役者達であった。したがって、新たに改題された『農友』も、宮尾農政の大衆的プロパガンダの使命を帯びるものとなったのである。

『農友』の誌面

『北海道農会報』と『農友』の性格の違いは、何よりもその誌面に現われていた。『北海道農会報』が論説と統計、調査、雑録、そして本会録事という学術的、官報的構成だったのに対し、『農友』の方は、巻頭、農政、農芸、雑録、寄書、蚕糸界、農産界、質疑応答と多様なコーナーが盛られていた。このうち質疑応答は、読者の質問に専門家が答えるもので、実に『勧農協会報告』以来の伝統ある企画といえる。

1 板谷順助（一八七七～一九四九）。新潟県生まれ。板谷宮吉の養子となり、板谷商船副社長、小樽商業会議所顧問、北海道農友会会頭、札幌電気軌道、帝国自動車工業など多数の会社や銀行の社長、取締役となる。衆議院議員となり当選六回、戦後は参議院議員となる。

2 伊藤誠哉（一八八三～一九六二）。新潟県生まれ。東北帝国大学農科大学農業生物学科で植物病理学を学び明治四一年（一九〇八）卒業。後に北海道帝国大学農学部教授となり稲熱病の総合防除法を研究、戦後、第五代北大総長となるが、イールズ事件で引責辞任した。

3 札幌農学校農学科、明治三二年（一八九九）卒業。

4 東北帝国大学農科大学農学科、明治四五年（一九一二）卒業。

ただしその中心は農芸にあり、作物栽培上の技術的解説が多く、山田勝伴の「ビート耕作問答集」等、この頃より甜菜に関するものが増加している。また山田勝伴、安孫子孝次が欧州調査から帰朝して後は、彼らの「中欧旅行記」「欧州旅行雑話」が長く連載されている。加えて、大正一四年（一九二五）からは「畜産指導」の欄も生れて、道庁技師佐藤退三[5]が様々な側面から畜産の解説を行っている。

その一方で『農友』は大衆雑誌らしく、「農友くらぶ」として詩や短歌、俳句等もあり、大正一三年（一九二四）九月からは「通俗小説イワンの馬鹿」の連載も始まった。さらに『農友』には「編輯後記」があり、編輯（編集）上の苦労や意欲が直に伝わってくる。十七巻八号（大正一四年（一九二五）八月）でも、「誌者だより」として、「私は本道には本道の農業雑誌が必要だと信じ、農友を唯一の友として居る者です」という投稿がある。編輯後記には、「前号は、諸種の事情から発刊が遅延したにもかかわらず、皆様より新読者の御紹介にて、追送追送殆んど残部なきに至りました」と、『農友』がかなり農家の間に広く定着しつつあったことを伺わせる。

そしてこの『農友』に「実行組合欄」が出来たのは大正一四年（一九二五）一二月号であった。

農事実行組合と『農友』

「実行組合の経営と、本道及び府県に於ける優良組合の事蹟並に一般報告は勿論、

5 東北帝国大学農科大学畜産学科、大正三年（一九一四）卒業。

組合相互の気脈を通するの便に供せんとする」というのが、この実行組合欄設立の趣旨であった。それに合わせて農友会では実行組合自体の入会が勧められた。ただし当時は全道でもその数は六百程度にすぎず、当初は専ら道庁技師の金田一貫之[6]が解説的な記事を書いていた。

十八巻九号（大正一五年（一九二六）九月）の「農事実行組合の経営」でも、その活動促進方法を述べている。その中には、組合の区域はなるべく小さくすること、事業は必須事項と共に部落の親善を増すものを行うこと、実行事項は漸進主義を取ること、役員は「老若を問わず、公共心に富んだ然も進取の気象の盛んな、適当の熱心家」とすること等が説かれている。また組合の設立は「設立に共鳴する有志を以て組織し、加入意志の無き者を強制加入せしめざること」と、かなり慎重な姿勢を示している。さらに二十巻一号（昭和二年（一九二七）一月）でも「町村農会の経営と農事実行組合の活動」と題して、実行組合の振興が農会の発達、振興にとってもきわめて重要であるとしていた。

こうした記事は昭和に入ると、やはり道庁技師の芦野吉太郎[7]に引き継がれた。また「農事実行組合巡り」として、東旭川村南倉沼や琴似村南三番の活動の紹介、或は「長野県の農事組合」等の府県の奨励方法や活動状況が隔月の頻度で掲載される様になった。

こうして実行組合も、昭和三年（一九二八）頃より毎年六～七〇〇設立されるようになり、昭和七年（一九三二）には全道で四、〇〇〇組合を超えるまでになった。こうして、『農友』は二十三巻七号（昭和六年（一九三一）七月）より、表紙に

6 金田一貫之（一八九八～？）。北海道帝国大学農学部農業実科を大正一〇年（一九二一）に卒業後、北海道庁技師となる。戦時中に満洲農事試験場へ赴任、佳木斯支場長として敗戦を迎え、日籍技術員工として留用された。

7 札幌農学校農芸化学科、明治三八年（一九〇五）卒業。

「農事実行組合機関紙」と銘打たれることになるのである。

第九話
佐上長官と『北海道農業』

第二期拓殖計画

二〇年後の北海道を耕地一五八万町歩（内水田四五万町歩）、人口六〇〇万人、牛馬一〇〇万頭にするという壮大な「第二期拓殖計画」[1]がスタートしたのは昭和二年（一九二七）である。これは確かに宮尾長官によって敷かれた直接産業奨励という路線の集大成といえるものであった。しかし、計画案は道庁の原案より耕地で一三万町歩（水田は一五万町歩）、人口で一五〇万人も上乗せされていたことを見ても、これが北海道の側からだけでなく、むしろ関東大震災、さらにアメリカ排日移民法等で緊迫化した移民問題を背景とした国家的要請を受けたものだったといえる。

その意味で、確かにこれ以降かつてない財政投資が土功組合に、酪聯に、そして甜菜糖業に投下されたのではあったが、もはや造田は限界地が中心となり、また移民の半ばは条件の劣悪な根釧原野に集中していったのであった。しかも昭和という時代は金融恐慌で始まり、農村も不景気に覆れていた。その中で系統農会の活動も決して活発でなかったことは、この時期の『北海道農会報』の誌面が、「本会録事」といった事務的記事ばかりの薄いものであったことからも明瞭である。

とはいえ、この時期に、次期の経済更生運動期を準備する重要な変化も起こって

1 北海道開発行政は、明治三四年（一九〇一）に最初の北海道十年計画が実施された後、明治四三年（一九一〇）から第一期拓殖計画が実施に移された。その内容は地形測量や植民地の選定、未墾地処分と合わせて、道路・架橋・治水などの社会基盤整備を中心とするものだった。第二期拓殖計画は本文にあるような内容で実施されたが連続凶作を経て、拓殖計画改訂の検討が開始され、昭和一五年（一九四〇）には北海道総合計画がまとめられたが、戦争により策定は戦後に持ち越され、昭和二七年（一九五二）の北海道総合開発計画に引き継がれることとなった。

いた。その一つは、本書第八話で述べた全道的な農事実行組合の組織化の進展であった。他の一つは、大正一五年（一九二六）に一部国庫補助が開始された技術員の町村農会設置と、全道技術員協議会等による技術員の指導体制の確立である。これらはいずれも農政が農家まで浸透していくためのパイプとなるものであった。しかし、それが本当に機能するためには、農家自身の農事改良へ向けた集団的な運動が展開される必要があったのである。

連続凶作と農業合理化方針

その点でいえば、昭和四年（一九二九）から北海道農会は、農林省の依託を受けて、赤井川村の「農村産業計画」に着手し、農村の自主的・自治的再建に実験的に取り組んでいた。このような「自主的」な農村更生運動が官民の一致した農村救済策として登場してくるのは、昭和六年（一九三一）の大凶作とその年一〇月の佐上信一[2]長官の就任によってであった。

すでに昭和五年（一九三〇）より農産物価格は大暴落し、いわゆる昭和恐慌が農村を襲っていたが、北海道農業にさらに深刻な打撃を与えたのが、昭和六年（一九三一）からの連続凶作であった。しかもそれは第二期拓計によって進められた造田地、限界地で最も被害が激しく、土功組合の負債が政治問題となって拓殖計画自体が方向転換を迫られたのである。そして、これに対して佐上長官は就任早々、次のような諮問を道農会に行った。

2 佐上信一（一八八二〜一九四三）。広島県生まれ。東京帝国大学卒業後、高等文官試験合格、内務官僚として、岡山県知事、長崎県知事、京都府知事、北海道長官などを歴任した。

「農村の自治的対策並に之が適当なる指導方法如何」

これに対する道農会の答申は、「農民精神作興」「農村産業計画の樹立」「農事実行組合の設立普及と其の活動促進」等、一一項目であった（『北海道農会報』三一巻十一号、昭和六年（一九三一））。これをも盛り込む形で、翌七年（一九三二）一〇月に道庁より訓令として出されたのが「農業合理化方針」である。それは、これまでの地力造成集約農法を改めて理論的に総括し、しかも個別的かつ画一的であった施策を、地帯毎の経営方式確立へ総合的に推進しようとするものであった。

それに合わせて道の農政機構も、農務課、畜産課、糖務課を統合して農産課とする抜本的な改編もなされた。農林省が全国的に経済更生運動を提起するのはこの年の一二月であり、佐上長官は同様な施策が国に先んじたことを大変自慢にしていたという。それゆえ、北海道における経済更生運動は、この合理化方針を「聖典」として進められたのである。

梁田農政と『北海道農会報』

そしてこの実務的中心となったのは、農産課長の梁田参と農事試験場長安孫子孝次であった。実際、「合理化方針」も昭和八年（一九三三）から開始される「根釧開発五カ年計画」[3]も、梁田の筆によるものといわれ、これ以降の道農政も通称「梁田農政」といわれる。しかもこの梁田農政は、農業経営改革のための機構として、町村農会（技術員）―農事実行組合という農事指導のルートをきわめて重視したも

3 根釧開発五カ年計画は、根室支庁の別海町、標津町、中標津町、釧路支庁の浜中町、厚岸町、標茶町等を対象地域として、農業経営を畑作から自然条件に適した主畜農業（酪農）へ転換することを目指したもので、一五町歩、乳牛五頭経営を目標に集中した政策支援を行うものであった。これにより、この地域は酪農地帯としての転換が進み、戦後の根釧パイロットファーム事業につながっていくことになった。

のであった。「合理化事務嘱託」としての技術員の俸給補助、或いは実行組合の幹部養成への補助に、それは端的に示されている。

　こうして梁田農政の下で、ほぼすべての町村農会に技術員が設置され、その活動も急速に充実していく。そうした動きは『北海道農会報』にも変化を与えた。それまでの論説と本会録事に加えて、昭和八年（一九三三）一月号より「更生欄」が生れ、各地の農村計画の紹介が始まるのはその象徴的な現れである。そして、この更生欄を「羊村生」のペンネームで担当していたのは小森健治であった。[4]

　たとえば昭和八年（一九三三）三三巻を見ても、「北海道農会に於ける簿記奨励」（六月）、「更生農村に使して」（七月）、「全五百万農家の更生方途を練る経営主任会議」（八月）、「続更生農村に使して」（九月）、「農村経済更生計画の基調」（一〇月）等ほぼ毎号執筆し、一二月号からは「農道に勇躍する若き更生の指導者」の連載を開始している。また小森は農会の経営改善事業の中心をなす簿記の普及を勢力的に進めたという意味でも、この経済更生運動の一人の立て役者であった。

　ところが『北海道農会報』は昭和九年（一九三四）も半ばを過ぎると、再び更生欄はなくなり、「論叢」としてかなり学術的な論文と「農政」として通達や資料を中心としたものへガラリと変わる。これは明らかにその年一月から農民向け『北海道農業』の発刊で『北海道農会報』が改めて指導者向けと位置づけ直されたからであった。

4 小森健治は、北海道農会の幹事として活躍した人物。本書第一〇話に出てくる北海道農法の満洲への移転に関しては、昭和一三年（一九三八）に小森が篤農家の三谷正太郎と二人で三ヵ月にわたる北満農業経営調査を『北満の営農』（一九三八）という報告書にまとめ、その中で提唱したことが一つのきっかけとなっている。この他に、小森には『北満農業と北海道』（北海道農会、一九三八）や安孫子孝次との共著『北方農業の経営』（北方文化出版社、一九四二）などの著書がある。

『農友』から『北海道農業』へ

さて、『農友』は第八話で述べたように、昭和六年（一九三一）より「農事実行組合機関紙」と銘打って優良農事実行組合の事業紹介や副業奨励、栽培法、また農作物の市場動向等の一般農家雑誌としての性格を明確にしていた。そうした中で昭和九年（一九三四）一月、それは『北海道農業』（写真）へと改題される。しかもそれは同時に、農業篤志家の組織であった北海道農友会の、農事実行組合を正会員とする北海道農事協会への改組を伴っていた。

そして、この仕掛人は佐上長官自身であった。彼は改題号に「北海道農事協会の成立に方りて」と題して、この改組が「農事実行組合の統制的活動に資せむがため」と述べると共に、何よりも彼自身がその総裁に就任した。さらにまた、副総裁を産業部長、会長を農産課長とし、道農会にあった事務所も道庁へ移すなど、それを完全に道農政に組み込んだのである。ただし、実際上の運営は山田勝伴、梁田参等の旧来からの幹部が担っており、その記事も引き続き芦野吉太郎が中心に編集することで、大きく変わることはなかった。

農事實行組合機關雜誌
北海道農業
第十六卷　第一號
目次

とはいえ、この雑誌がこの期の農政の大衆的プロパガンダの媒体となったことはまちがいない。そして、佐上長官の有名な「北海道拓殖計画の再検討と特に農業を中心として見たる北海道産業計画の転換」が載せられたのは、『北海道農業』二六巻十号（昭和九年（一九三四））であった。その中で佐上長官は、「所謂**北方農業**とも云うべき特殊の経営方式」の確立を提唱し、それが以後の北海道農業にとって一つのスローガンとなるのである。

第一〇話　北海道農業研究会の設立

連続凶作後の北海道農業

昭和六・七・一〇年（一九三一・一九三二・一九三五）と続いた連続凶作は、農家にとって深刻な打撃にほかならなかったが、他面では北海道農業の本来のあり方を官民共に反省させる契機となるものであった。農業合理化方針と地帯別農業、そして北方農業の提唱がそうした政策側の対応であり、町村農会―農事実行組合がその実施を担う中心機関であった。

しかし、この時期に展開された政策には性格の異なる二つの内容が混在していた。一つは、輪作、深耕、有畜化、或いは総合防除等の近代的合理的技術の普及による経営の合理化の側面である、他の一つは、消費の節約、勤労の奨励、自給の拡大等の精神主義、農本主義的な収支の縮小均衡の側面である。これは、生産の担い手が小農であることに規定されたものであって、決して前者のみが積極的であるなどと単純に割り切れるものではない。戦後の農業経済学はその点を見誤ったがゆえに、一様に近代化論へ絡め取られていくのである。

ともかく、それが近代的性格を色濃く持っていたのは、やはり開拓使以来の北海道農業の性格の反映であって、全国的に見れば農本主義、精神主義が農村を覆っていたのであった。こうした北海道の際立った性格が戦時体制の下で重要な意味を持ってくるのであるが、ともかく官民を上げた運動の成果は、意外に早く現われてきたのであった。

開拓七〇年の北海道農業

昭和一〇年代に入ると、一一、一二、一三年（一九三六、一九三七、一九三八）は一転して豊作が続き、あの凶作に喘《あえ》いだ水稲も一三年（一九三八）には三五〇万石と戦前最高となり、全国一の生産量の新潟県に肉迫した。さらに甜菜、馬鈴薯、小麦、薄荷、除虫菊、そして牛乳等も勢いよく生産が伸長した。これは単に天候の問題だけではなく、日本経済が中国への侵略という危険な綱渡りの上とはいえ、昭和十年頃より顕著な景気の回復を見せ、北海道の各種農作物の価格も一様に騰貴した結果であった。しかもその下で酪聯、北聯を中心に産業組合による販売統制も進み、農家経済も一気に好転していった。さらには根釧の主畜農業化をはじめ道南、羊蹄山麓の混合農業化等、農政のめざした地帯別農業も一定程度消化され、地帯分化も明確になったのであった。

ときに北海道農業は昭和一三年（一九三八）で明治二年（一八六九）の開拓使設置よりちょうど七〇年の節目を迎えようとしていた。それは様々な意味で北海道農業に自らの到達点を考えさせるものであった。そこで重要な役割を果たしたのが満洲農業である。昭和七年（一九三二）に日本の傀儡《かいらい》国家として建国された満洲国に対しては、昭和恐慌期に武装試験移民が開始され、二・二六事件後には二十ケ年百万戸移民が重要国策になっていた。しかし、その実際は移民農家の農法問題で完全にいきづまり、その打開の方途が北海道農法に求められたのである。

これは、専ら農法の輸入に努めてきた北海道農業にとっては、開拓七〇年の到達点を示すこの上もない指標にほかならなかった。開道七〇年の記念式典に合わせて、『北海タイムス』（昭和一三年（一九三八）八月一五日号）には、「七十年の歴史輝く事変下の本道農業」の見出しの横に「欧米農業の咀嚼《そしゃく》で世界最高水準に」と副題があり、この時の北海道農業の自信のほどを率直に表わしている。しかし果せるかな、それは二面の記事であって、一面は、すでに長期戦と化しつつあった中国大陸での日本軍の「戦果」が全面を占めていたのであった。

「革新主義」の台頭と北海道農業

こうした中で『北海道農会報』にも誌面の変化が現われていた。昭和一一年（一九三六）頃より『帝国農会報』からの転載が増えたのは、その一つである。これは昭和一〇年（一九三五）のいわゆる農業三法の流産以来[1]、農業団体の政治進出が進み、帝国農会でも革新官僚と結ぶ酒井忠正[2]（伯）会長により、自力更生主義の岡田温[3]幹事が更迭され、東大経済学部卒のマルクス経済学者東浦庄治[4]を新幹事として系統一丸となって、農業保護を柱とする統制経済政策を政府に迫っていたからだろう。昭和一二年（一九三七）二、三月（三七巻四三四・五号）にも「現下農政諸問題と

1 昭和恐慌期の農政は、産業組合の育成を柱とした経済更生運動として展開されていたが、それに対しては肥料商や米穀商、医師会などが組織的な反産業組合運動を展開した。その反産運動の盛り上がりの中で、昭和一〇年（一九三五）、政府が提出

其運動情況」としてその情勢報告がやはり『帝国農会報』から転載されていた。

一方、開拓七〇年をめぐっては、北海道農会がそれを記念して作った『北海道農業写真帖』からの写真が毎号表紙に使われ、また誌面では若林功による「創業の人々を語る」の連載が一二年（一九三七）一月号より延々と続いていく。[5]そうした中で、一二年（一九三七）八月号（三七巻四四〇号）には農業経営特輯（特集）として、六月に札幌で開かれた系統農会の全国農業経営主任者会議の報告が収録されている。この会議は、「拓殖七十年の北海道に学ぶ」を一つのテーマに、帝国農会及び全国府県農会の代表約五〇名と道内から二〇〇名が参加して、道内優良村の経験発表による農業経営研究会及び会議、さらにエクスカーションという三日間の大行事であった。ここにも、きわめて「革新的」性格を強めつつあった帝国農会がどれほど北海道農業に注目していたかがよく現われていた。

またこの年、「革新主義」のホープ近衛文麿の組閣により、農林大臣は農業団体とつながりの深い有馬頼寧[6]（伯）となり、それにしたがって農政の重点も日満支農政一体化と適正規模の確立という、きわめて革新的なものとなり、北海道農業への関心は一層高まっていったのであった。

北海道農業研究会の設立

このような北海道農業への関心の高まりとは裏腹に、『北海道農会報』の誌面は貧弱なものであった。ことに東浦庄治の編輯により農業技術論、適正規模論におけ

した産繭処理統制法案・米穀自治管理法案・肥料業統制法案が不成立となった。

2 酒井忠正（一八九三〜一九七一）。備後《びんご》（広島県）生まれ。貴族院議員、帝国農会長を長く務め、昭和一四年（一九三九）に阿部内閣で農林大臣、戦後は中央競馬会理事長などを務めた。

3 岡田温（一九〇二〜二〇〇一）。愛媛県生まれ。東京帝国大学を卒業後、愛媛県温泉郡農会農業技師、愛媛県農会技師をへて、大正元年（一九一二）からは帝国農会幹事・経営部長となって簿記の普及など、自力更生による農業経営改善の指導に活躍した。

4 東浦庄治（一八九八〜一九四九）。三重県生まれ。東京帝国大学経済学部を卒業後に、帝国農会に勤め、一時的に産業組合中央会に転ずるが、昭和一〇年（一九三五）に帝国農会に幹事兼経営部長として戻り、以後、帝国農会を代表する経済学者として活躍した。戦後は参議院議員となった。拙著『日本小農論の系譜』（農文協、一九九四）参照。

5 この連載は、若林功『創業の人々を語る』（北海道農会、一

る最高の学術雑誌となっていた『帝国農会報』と比べると、はなはだ見劣りした。昭和一三年（一九三八）を通じて見ても、論叢としては決まって佐藤昌介、高岡熊雄といった大御所の時論に、毎号若林功の「創業の人々を語る」と小森健治の「農家簿記の型式を観る」が連載されるだけで、時代が要求している課題に対する論文はなく、指導者向けという役割を果たすものとはなっていない。おそらくそれは、佐藤、高岡という創設期の代表者の隠然たる力の前に、新しい担い手の活動の場が作られないでいた結果といえよう。

その意味で昭和一四年（一九三九）六月の佐藤昌介会長の死は、一つの転機となるものであった。しかも戦争の長期化は労働力、資材の不足となって、大規模なだけに府県以上に深刻な影響を北海道農業は受けつつあった。今やそうした北海道農業の現実を改めてより科学的な視点から究明することが、農業生産力の維持一つをとってみても緊急の課題となっていたのである。

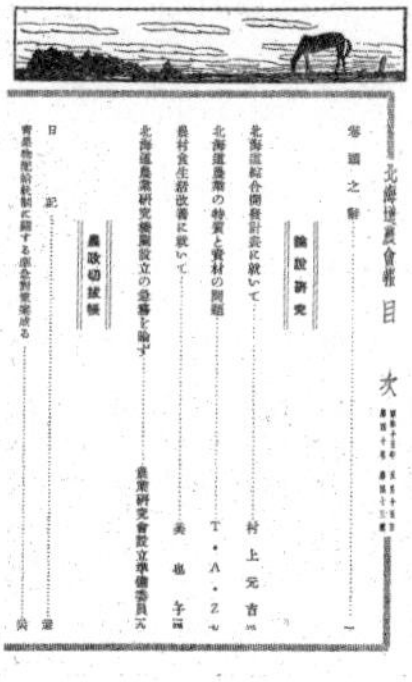
北海道農會報　目次
巻頭之辭
論説研究
北海道綜合開發計畫に就いて　村上完吉
北海道農業の特質と資材の問題　T・A・Z
農村食生活改善に就いて
北海道農業研究會設立の急務を論ず　農業研究會設立準備委員
農政切拔帳
日記
青果物配給統制に關する座会對策案成る

これに応えるべく道農会の人事を一新したのは、副会長安孫子孝次だった。彼は北大から川村琢[7]（当時副手）、笠島彊一[8]の二人を採用する一方、若林、小森の二人の幹事に替えて、道庁から東隆[9]を引き抜き道農会の事業と『北海道農会報』の編輯の全権を委任する。そして、この東隆の下に、道庁、農会、産組、新聞社等の革新的な若手が結集して、北海道農業研究会設立の準備が進められたのは、近衛新体

九三八）として刊行されている。また若林には『北海道開拓秘録』第一～三篇（月寒学院、一九四九）の著書もある。

6 有馬頼寧（一八八四～一九五七）。久留米藩主有馬頼万の長男として生まれ。東京帝国大学農科大学を卒業後、講師、助教授として母校で教鞭を執り、その後、衆議院議員、貴族院議員となり、昭和七年（一九三二）に斎藤内閣の農林政務次官、昭和一二年（一九三七）近衛文麿内閣の農林大臣となった。

7 川村琢（一九〇八～一九九三）。秋田県生まれ。東北帝国大学法文学部卒業後に北海道帝国大学農学部副手となり、その後、北海道農業研究会常任幹事の時に治安維持法違反容疑で拘束、戦後GHQ指令で釈放、北海道信用農業協同組合連合会参事の後、北海道大学農学部へ戻り、助教授、農業市場論講座の新設で教授となる。その研究については、拙著『日本小農論の系譜』参照。

8 北海道帝国大学農学部農業経済学科、昭和一〇年（一九三五）卒業。

9 東隆（一九〇二～一九六四）。大分県から入植した屯田兵の三

制が話題を呼び始めていた昭和一五年（一九四〇）春であった。『北海道農会報』昭和一五年（一九四〇）五月号（四〇巻四七三号）に掲載された川村琢筆の「北海道農業研究機関設立の急務を論ず」（写真）は、この会設立の宣言である。これにより、六月号より『北海道農会報』の誌面も一新されたのであったが、この研究会が何を考え、どう活動したかは、第一一話の話としよう。

男として生まれ、北海道帝国大学農学部農業経済学科を大正一五年（一九二六）に卒業後、北海道庁に任官し、農林畑を歩んだ後、北海道農会幹事となる。戦後は衆議院議員、参議院議員となった。

第一一話
北海道農業研究会と『北方農業』

北海道農業研究会の性格

昭和一五年（一九四〇）五月、北海道農業研究会（北農研）は道農会を事務局に発足した。それに結集したのは、幹事長東隆をはじめとして、川村琢、矢島武、笠島彊一、大川信夫[1]、渡辺正三[2]、石井城夫[3]、中川一男[4]、前田金治、田中孝市[5]、岡田春夫[6]（以上幹事）等のいずれも三〇歳代前半の若い世代である。したがって、彼らはその前歴（左翼運動経験等）や分野（官吏、研究者、新聞記者、道議）の多様性にもかかわらず、一つの共通した特徴を持っていた。すなわち、彼らは、近衛新体制が進めようとしていた自由主義市場経済の「矯正」に共鳴する柔軟性と革新性をもっていた。この点こそ彼らが高岡熊雄等の旧世代に替って、この時代をリードすることのできた決定的な要因であった。

「最近大陸の農業の指導は本道農業に課せられた重大使命の一つとなった」（設立趣意書）や、研究会が最初に行った記念講演会が「新体制と北海道農業」であったことに、北農研の設立自体が全国的な新体制運動[7]の「革新主義」に呼応したものであったことを示している。それゆえ、この「革新主義」が結局は非合理的ファッショ体制の露払いでしかなかったとして、その限界を指摘することは容易い。また反対

1 北海道帝国大学農学部農業経済学科、昭和一〇年（一九三五）卒。

2 北海道帝国大学農学部農業経済学科、昭和一二年（一九三七）卒。

3 北海道帝国大学農学部農学実科、昭和八年（一九三三）卒。

4 中川一男（一九一一～一九九七）。帯広生まれ。帯広中学中退後、道内の農民運動に参加、昭和八年（一九三三）日本共産党中央委員農民部長として野呂栄太郎の下で活動、治安維持法で実刑となる。刑期を終えて、北海道農会技師となり北海道農業研究会事件で再び投獄される。戦後は、日本共産党の中央委員や北海道委員長などとなった。

5 北海道帝国大学農学部農業経済学科、昭和七年（一九三二）卒。

6 岡田春夫（一九一四～一九九一）。北海道生まれ。小樽高等商業学校卒業後に北海道議会議員となり、戦後は衆議院議員として通算一五回当選し、衆議院副議長も務めた。

7 昭和一五年（一九四〇）に近衛文麿が中心となりソ連やイタリア、ドイツのような一党独裁による挙国一致体制を作ろうとした運動。

に、それを反体制運動の最後の試みと見ることも正確とは言えない。確かなのは、それが良心的な人達による戦時体制下の農業問題に対する現実的、実践的な取組だったことである。しかもファシズムにより歪曲や中断をよぎなくされたとはいえ、まちがいなくその実践は戦後へ継承されたということである。この意味でやはりその過少評価は許されず、むしろ戦後の諸局面を規定した重要な因子として、厳正かつ科学的にその意義と限界が問われる必要があるだろう。

北海道農業研究会のビジョン

北農研の設立により『北海道農会報』の誌面は昭和一五年(一九四〇)六月号(四十巻四七四号)よりガラリと一変した。それは誌面の大半が本格的な論文・研究となったことに端的に示されている。そのモデルが『帝国農会報』であることは、新しい表紙のレイアウトが『帝国農会報』そっくりであることからも明らかである。この六月号には研究会名で「戦時下農業の基本的動向とその方策に関する序論」が掲載されている。そこでは、労働力、資材の不足と生産力の拡充という当時の二律背反を両立しうるのは、労働様式そのものの再編成、すなわち共同作業、共同経営と機械化以外になく、またその促進のためには小作料の適正化が必要であると提起されていた。

しかし、これはまだきわめて一般的な抽象論であって、より北海道農業に即する形で北農研のビジョンを提示したのは、十月号(四十巻四七八号)に掲載された荒又操[8]（北大助教授）の「北海道農業発展の基本方向」であった。ここで荒又は、やはり現下の基本問題はいわゆる労働の生産力の向上であるとした上で、そのために当面は動力機よりも作業機が、動力源としては役畜が有効かつ重要であるとする。また、動力機としては府県のような耕耘機ではなく、その先のトラクタを共同利用形態で導入することを提起したのであった。

これを見ても、北農研のビジョンは戦後の近代化論に連続するものであることは明らかである。しかし北農研と戦後の近代化論との違いは、それを絶対化して現実を批判するのではなく、あくまで現実の中にその方向性を検出しようとしたことである。つまりそれはあくまで「北海道農業のザイン（実存）の認識に基くヴェルデン（生成）であり、ヴェルデンの彼方に見るゾルレン（理想）」（荒又前掲稿――カッコ内は本書筆者）たろうとしたのである。そしてその結果北農研の活動の中心となったのは、北海道農村の組織的、系統的、集団的実態調査にほかならなかったのである。

北海道農業研究会の活動

北農研の調査活動は、研究会設立の年の八月、早くも「現地視察」として、四班に分かれて全道の調査が行われた。その結果は、早速十月号に「現地報告」として、北見、八雲、斜里、留寿都、大正の五ヵ村について報告されている。この年はさらに「事変の本道農業に及ぼせる影響調査」として水田地帯（東旭川）、畑作地帯

8 荒又操（一九〇三～一九四七）。北海道札幌市生まれ。北海道帝国大学農学部農業経済学科を昭和二年（一九二七）に卒業。当時は、同助教授。高岡熊雄の弟子で『北海道農業の地域的形相』（協調会、一九三九）、『北海道農業発展の基本方向』（北海道農会、一九四〇）などの著書がある。戦後の急逝を受けて、『北海道農業の研究』（柏葉書院、一九四八）がまとめられた。

（大正）、酪農地帯（中士別）が調査され、この報告も矢島武「米作地帯の農業労働力」（一五年（一九四〇）十一月号）等、順次報告された。一方、日常的には毎週道農会において、調査報告や共同経営等に関する研究会が開催され、そのような研究成果も渡辺誠毅[9]「農業共同経営について」（一五年（一九四〇）十二月号）等のような形で『北海道農会報』に掲載されていた。

昭和一六年（一九四一）になると北農研の活動は最盛期を迎え、酪農地帯調査（早来、端野、浜中）、道南農業調査（泊、厚沢部、上ノ国）、さらに北大医学部と協力した有名な農村保健調査（留寿都、八雲、大正、栗沢）、そして最後に根釧原野調査が展開された。

このような調査を通じて北農研が明らかにしていった一つの事実は、戦争による労働力の動員が農村に残された婦人や老人に過労と疾病をもたらしていることだった。また、第一次大戦以降に道農政が推進してきた地力造成集約農法が一定の到達点に達していることだった。それは北農研の調査が優良町村に集中していた結果でもあったが、また一方で、満洲において、北海道農法の導入が大がかりに進められていたことからくる自信も関係しているであろう。最高時の『北海道農会報』の発行部数一、二〇〇部の内、二〇〇部は満洲へ送られていたのである。

「北方農業」に託されたもの

しかし、この昭和一六年（一九四一）、近衛新体制運動は意図されたような国民

9 渡辺誠毅（一九一四〜二〇〇七）。東京生まれ。東京帝国大学農学部を卒業後、朝日新聞社札幌支局に配属され、北農研のメンバーとなり、北農研事件で拘禁される。戦後は朝日新聞東京本社で調査・論説畑を歩き、昭和四二年（一九六七）に社長となった。

運動とはならず、財閥資本の隠然たる力、独走する軍部、悪化する日米関係の下で、「革新主義」は追いつめられ、それに替って軍部の力はいよいよ大きくなりつつあった。この年の四月、研究会幹事大川信夫が長野県産青連事件に連座して逮捕されたことは、「革新主義」の流れに乗ってきた北農研会員に大きな衝撃を与えた。研究会活動の実態調査への専心も、言論の自由の制約の反映でもあった。そして一二月太平洋戦争開始とともに、中川一男、村上由[10]等も拘禁され、研究会活動も実質的な機能を停止することになる。

『北海道農会報』と『北海道農業』がそれぞれ四十二巻四九五号と三十四巻四〇〇号の歴史を閉じ、『北方農業』という新しい誌名で甦生したのは、このようにファッショ的体制に北農研が追いつめられた昭和一七年（一九四二）四月号からであった。その意味でこの「北方農業」という誌名からは、開拓使以来の北海道農業に課せられた使命を盾とした、北農研のギリギリの抵抗を読み取ることもできるだろう。それはまた他方で、満洲の事態に検証された北海道の七〇年の歴史が培ってきたものへの確信と、その延長線上での近代的自営小農の確立への展望と願いが託されていたのである。

この「統合記念四月号」（写真）が根釧原野農業特輯（特集）であったことも決して偶然ではない。根釧の開発こそ満洲におけるモデルでもあり、また戦後の新酪農村建設計画にまで至る近代的農業の実験場だったからである。しか

[10] 村上由（一九〇一～一九七三）。北海道銭函生まれ。労働運動を通じて共産党に入党、昭和三年（一九二八）に検挙され懲役を受ける。出獄後、再び拘禁される。戦後は北海道労働組合会議事務局長、日本共産党北海道地方常任委員などを務めた。

し、北農研を壊滅させる弾圧は、もう間近に迫っていたのであった。

第一二話　『北方農業』は残った！

『北方農業』通巻五百号

昭和一七年（一九四二）四月より、『北海道農会報』と『北海道農業』とを合併改題した『北方農業』は、その年の八月号をもって、明治三四年（一九〇一）一月の『北海道農会報』の創巻より通巻五百号を迎えることになった。年に直せば四二年である。

それを記念してこの号では「北海道農業の諸問題」が特輯（特集）されている（写真）。その執筆者は高倉新一郎[1]、奥永岩男、南鉄蔵、矢島武[2]、荒川宗一、渡部以智四郎[3]、渡辺侃[4]、金沢正雄、吉田十四雄[5]らで、内容としては歴史が三篇、現状五篇（金融、水田、酪農、農業技術二）、それに吉田十四雄の「北海道の農村文化について」である。これらはそれぞれ重要だが、中でも注目されるのは矢島武「北海道に於ける農業労働の生産性」である。というのも、それは「農業労働の生産性」という点に課題を限定して、経営経済学的分析が意図的に適用されていた。それ

1 高倉新一郎（一九〇二～一九九〇）。北海道生まれ。北海道帝国大学農学部農業経済学科を大正一五年（一九二六）に卒業後、副手、助手を経て助教授、戦後は植民学講座教授となる。退職後は北海学園大学学長や北海道開拓記念館館長などを歴任した。

2 北海道帝国大学農学部農業経済学科、昭和一四年（一九三九）卒業。

3 北海道帝国大学農学部農業経済学科、昭和二年（一九二七）卒業

4 北海道帝国大学農学部農業経済学科を大正六年（一九一七）に卒業後、北海道農事試験場を経て、北大に戻り農業経済学科（農業経営学講座）の教授となった。蜘蛛巣理論などが有名。

5 吉田十四雄（一九〇七～一九八二）。三重県生まれ。道立十勝農業学校卒業後に牧夫などを経て北見農会に入り、仕事の側ら農民文学を発表、「百姓記」は芥川賞候補となる。戦後、北海道新聞社で活躍する。代表作に、『人間の土地』がある。

は明らかに事実の集積と記述といった歴史学派的方法からの脱皮を志したものにほかならなかった。北海道農業研究会の創立は、すでに述べたような世代の交代、世界観の交代であったとともに、社会科学における方法上の交代でもあったのである。『北方農業』の編輯が「根釧原野農業特輯」(四九六号)、「満洲農業特輯」(四九七号)、「農業金融特輯」(四九八号)、「農業保健問題特輯」(四九九号)と毎号特輯が組まれていった点にも、そのような課題意識優位の研究会の明確な姿勢によるものであった。

「北海道農業研究会事件」

しかし、すでに太平洋戦争開始時点での中川一男、村上由等の検挙で、北海道農業研究会の活動も〝次はいつか〟の疑心暗鬼の内に停滞に追い込まれていた。『北方農業』の編輯(編集)と喫茶店「白樺」での談論が唯一の活動といえるものになっていたのである。それにもかかわらず研究会への第二次弾圧は、昭和一七年(一九四二)一〇月一日、川村琢、矢島武、前田金治、中川喜一、渡辺誠毅らの投獄、荒又操、東隆、笠島彊一、岡田春夫らの取り調べとして断行される。世に言う「北海道農業研究会事件」である(小樽新聞記者前田金治は獄中で死亡)。

時の内務省警保局「特高資料」には、「農研の主要活動と階級性」と題して、「戦時下労力役畜力等の不足を克服し食糧増産の国家的要請を果たすべく、農政諸機関により実施せられある農業共同経営或は適正小作料等々の国策に便乗し之等の政策を其の矛盾暴露を前提として批判的に支持する表面的態度を持しつつ其の本質的活動は前記中心的左翼メンバーが担当し、北海道農業の地帯別実態調査を実施してマルクス主義農業理論建設の基礎的資料を収集し…（中略）…之等マルクス主義的論文其他を『北海道農会報』其他に発表掲載する等により」云々とある。

これは当時と言えど、中央であれば容疑というにはあまりにお粗末で、まさに「植民地」北海道ならではの醜い裏面を如実に表わした野蛮極まりないものであった。しかしその背景には、戦争による労役・役畜の不足、肥料の不足が耕地面積の大きい北海道で特に深刻な農業生産の後退、農家経済の悪化をもたらしていたからでもあった。今や、実態を調査し、事実を事実として公表すること自体が最大の反体制的活動となりつつあった。実際、この年の六月のミッドウェー海戦では海軍が致命的打撃を受け、続く八月のガダルカナル島をめぐるソロモン海戦では陸軍がみじめな敗北を喫して、戦局は悪化の一途をたどっていた。だが、それは国民に何一つ知らされていなかったのであった。

北海道農業会（北農）の創立

北海道農業研究会弾圧後も、『北方農業』の編輯事務は更科源三、荒木十四雄らに引き継がれ、昭和一八年（一九四三）に入っても「北海道の米特輯」（五〇五号）、「畜産特輯」（五〇八号）、「満洲農業特輯」（五〇九号）、「農会経営回顧特輯」（五一二号）と毎号一〇〇頁を越える特輯中心の発行が続けられていった。しかし、この年には新しい事態が待っていた。農業団体の統合である。

この農業団体統合に関して北海道は、昭和一四年（一九三九）九月主要五団体（北海道農会、畜産組合、産業組合中央会道支会、北聯、酪聯）によって北海道戦時農業生産拡充期成会が自主的に結成されており、府県には見られない「積極性」があった。しかも昭和一六年（一九四一）には農業生産統制令により系統農会は生産統制主体、産業組合は流通統制主体と棲み分けされ、その末端組織は農事実行組合に一元化されていた。

北海道農業会の創立総会は昭和一八年（一九四三）一二月一日札幌グランドホテルで開催された。会長は安孫氏孝次、副会長は黒澤酉蔵[6]で、指導部門を道農会が、事業部門を北聯が担うこととなった。こうして出資金一、二〇〇万円、預り金三億円、年間販売額一億五、〇〇〇万円、技術員一、〇〇〇名を擁する北海道農業会（通称北農）が設立されたのである。これ以降北農は「北農王国」の異名の如く北海道農業を牛耳ることになる。それは北農が戦時統制機構そのものとなったことを意味するとともに、そこには戦後の農業体制もまた暗示されていたのであった。

『北方農業』は残った！

ところで、戦時期は農業雑誌にとって受難の時代でもあった。『北方農業』への合併改題もその背景には紙不足と情報統制のための官庁の指導があった。この時点で、『農検』『北海道畜産雑誌』『北海道副業雑誌』等の北海道の農業雑誌はすでに

6 黒澤酉蔵（一八八五〜一九八二）。茨城県生まれ。足尾鉱毒事件で田中正造とともに活動した後、宇都宮仙太郎の下で酪農に従事し、独立して酪農家となり、宇都宮らとともに北海道製酪販売組合聯合会（酪聯）」を設立、戦後に雪印乳業となる組織の基盤を作った。戦時中に衆議院議員となり、戦後に公職追放となった。その後は教育活動に尽力し、酪農学園大学学長も務めた。

姿を消していた。そして昭和一八年（一九四三）に入ると、内閣情報部の命により『北方農業』と同じように三〇年、四〇年の歴史を持つ各県の『農会報』が次々と廃刊し、『日本農業新聞』各県版へ変わっていった。『北方農業』がこの危機をくぐり抜けられたのは、おそらく通巻五百号の「編輯後記」が述べるように「『北方農業』は北海道農会のみのものではなく、それ（『北海道農業』・著者注）を含めたところのかつもっと広い高いもの」という姿勢であったと思われる。

しかし、農業団体の統合が起こったことによって、さしも農業雑誌界最高の権威として君臨した『帝国農会報』すらも、昭和一八年（一九四三）九月の「農会回顧特輯号」を最期にその命脈を尽きた。東浦庄治の編輯の下、その最終盤を飾った栗原百寿[7]、稲村順三、鈴木鴻一郎[8]、田中定等の珠宝の論文も、ろうそくが消える寸前に見せるあの輝きだったかもしれない。

同様の危機は『北方農業』にも迫っていた。昭和一八年（一九四三）十二月十二月号（五一六）の「編輯後記」には「この欄を借りて特に読者各位にお知らせして置きたいことは、新農業会が設立せられたからとて、雑誌『北方農業』は特別にその内容や表題を変更する趣旨は持っていないと云ふことである」とある。しかし、一九年（一九四四）になると『北方農業』とかつての北聯の新聞『共栄』との合併は必至となる。こうして一九年（一九四四）三月の五一八号までは従来の形態をとった『北方農業』も、五一九号からは『共栄』と統合されて、月三回B５判数頁のものへと変更された。誌名が『共栄』ではなく『北方農業』となったのは「共」の字をきらった特高の裁定といわれる。内容も増産督励一本槍となった。

7 栗原百寿（一九一〇～一九五五）。茨城県生まれ。東北帝国大学法文学部を卒業後、帝国農会に就職し、東浦庄治の下で『帝国農会報』に数々の農業分析や学術論文を発表。戦時中に公刊した『日本農業の基礎構造』（中央公論社、一九四三）は「中農標準化」を検出したとして名著の誉れ高い。戦後も農地改革の成果をいち早く評価したことで当時の日本共産党から批判された。栗原百寿は、著者（玉）が最も強く影響を受けた農業経済学者である。前掲拙著『日本小農論の系譜』参照。

8 鈴木鴻一郎（一九一〇～一九

しかしそれでも『北方農業』という誌名は生き残ったのである。北海道農業研究会の遺志とともに！

八三）。山口県生まれ。東京帝国大学経済学部卒業後、大原社会問題研究所入所、戦後は東京大学社会科学研究所教授、経済学部教授、帝京大学教授などを歴任、宇野弘蔵の経済学を世界資本主義論へと発展させた。前掲拙著『日本小農論の系譜』参照。

第一三話　疾風怒濤の中での六百号

北農は揺がず

アジアの諸国人民と日本国民に多大の惨禍をもたらしたアジア・太平洋戦争は昭和二〇年（一九四五）八月一五日終結した。それと同時に、あの権力を思いのままにした日本軍も自ら指揮権を失い互解していった。その意味で、やはり戦争体制を支える一角であったはずの北海道農業会（北農）が敗戦によっても揺ぐことのなかったことは見逃せない事実である。

それは戦時下を生きのびた『北方農業』が、早くも八月二十日号（通巻五五六号）で「国家再興の大計を農業立国に置く、新日本建設は農村が中核」と、それ以前と変わることなく食糧増産を訴えていることにも示されている。これは、戦争への協力といっても北農の究極の使命は食糧増産という普遍的命題にあり、しかもその課題は敗戦後むしろ一層重大となっていたからである。敗戦間際、黒澤酉蔵の発意により始まった拓北農兵隊[1]もまた、敗戦後緊急開拓事業として引き継がれていたのであった。

しかしより重要なことは、北農の体制がすでに戦前において農会技術員や農事実行組合長を中核に生産力増強という課題に即した経営実力者本位の組織として出来

1 空襲などの戦災にあった被災者救援と食糧増産の目的で、昭和二〇年（一九四五）五月、政府は「北海道疎開者戦力化実施要項」を策定し、五万戸二〇万人の集団移住計画を立て、新聞などを通じて移住者を募集した。これに応募して東京・大阪などから三、四〇〇戸ほどが北海道各地に入植したが、こうした帰農者が拓北農兵隊と呼ばれ、黒澤酉蔵の働きかけによるものと言われている。

あがっていたことである。この点は、地主名望家的支配が依然として残っていた府県とは異なる北海道ならではの特徴であった。この年の一一月結成された農村建設聯盟（農建聯）も、この経営実力者層を中心に「協同主義社会の建設を指標とする政治経済体制」を掲げたものだが、そこでの協同主義もほんの少し前の産業組合主義と変わるものではなかったのである。

しかしこのような情勢も一二月九日農地改革に対するマッカーサー指令[2]、翌二一年（一九四六）一月四日公職追放などの民主化と戦争責任追及が開始されるに及んで変わらざるを得なかったのである。

北農民主化の機関紙として

新たな情勢の魁《さきがけ》となったのは、北農職員組合の結成であった。昭和二一年（一九四六）一月合併号（五六七号）では初代執行委員長東弘[3]が「農業会に於ける職員組合結成の意義」として、農業会の解散を要求する社共両党と一線を画しつつ、「即時断然たる農業会の民主化」を提起している。そしてこれ以降、北農職組は全道の農業会民主化運動の指導部的な位置を占めることになった。それはまた『北方農業』にも新たな性格を付与するものでもあった。

同号の「編輯者の窓」は「戦時下の悪条件の一つ一つをふるい落し脱ぎすてて、一日も早くあの貴重な歴史をもつ〝北方農業〟の性格をとりもどしたい」と語っていた。次号（五六八号）からは「農民教室」として、協同組合や社会主義、インフ

2 戦後の農地改革は、農林省が進めた農地改革法案が成立していたが（第一次農地改革）、この「農民解放に関する連合軍総司令部覚書」を受けて国が小作地の買い上げる徹底した内容で実施されることになった（第二次農地改革）。

3 北海道帝国大学農学部農業経済学科、昭和四年（一九二九）卒。

レ対策、家族制度改革などについての解説的、啓蒙的なコーナーも設けられた。

一方、農業団体法の改正で役員が任命制から選挙制へ変わったことも契機に、農村でも民主化の力がみなぎっていた。ことに農建聯はまたたく間に全道に広がり二一年（一九四六）三月時点で早くも一〇五町村に結成され農民の五割強を組織した。今や農建聯が農業会民主化の主力となったのである。またより左翼的な日本農民組合も、上川、北見などで力をもつようになり、おりからの強権供出や[4]、第二次農地改革（二一年（一九四六）九月）を前に増加した小作地取り上げに対抗する運動をくり広げていた。

『北方農業』はこのような農民運動の進展を「展望台」というコーナーでしばしば取り上げる一方、ソ連、デンマークの協同組合、朝鮮、中国の土地改革、アメリカ、フランスの農業政策などを紹介し、そうした運動に呼応する進歩的紙面を展開していったのである。

協同組合をめぐる論争

しかし、二一、二二年（一九四六、一九四七）を通じて、『北方農業』誌上の最大の焦点となったものは、農民運動の二つの流れと対応する協同組合の評価にほかならなかった。当時は、二一年（一九四六）五月の試案にはじまり、二二年（一九四七）九月には農協法の農林省案が公表されるなど、農業会に代わる協同組合は農業団体再編の中心問題であった。しかも北海道では農建聯が戦前の産青聯の流れを

[4] 昭和二〇年（一九四五）の不作や供出不振のため、政府は二一年（一九四六）二月に「食糧緊急措置法」を出して、隠匿物資の摘発や強権供出を断行した。

引き、協同党、農民党などと共に協同主義社会の実現を政治理念としていたがゆえに、それはなおさらであった。

これに対して『北方農業』誌上では、早くも五七〇号（二一年（一九四六）四月）で北田寛二[5]が「近代日本農政と協同組合」と題して、産業組合は資本に奉仕するものであり、しかも封建的地主に支配されていた、と産業組合、農会、そして北農を痛罵し、協同組合は農民組合と結びつかねばならないとした。しかし、それにはすぐさま森口三郎が「協同組合主義について」（五七三号・二一年（一九四六）五月）で反論に立ち、そうした主張は反個人主義的な思想であり、北農を農民搾取機関とする攻撃はたわごとであって、友愛と協同によって資本主義に代わる新たな経済体制が創造されると主張した。

この主張の違いは基本的に日農（のちの農民同盟）と農建聯との方針の違いに対応していた。『北方農業』および北農職組はどちらかと言えば前者にたっていた。五八二号（二一年（一九四六）一二月）でも「協同組合主義の批判」として清水堅一[6]が、協同組合は本質的に資本主義の対立物たり得ないと主張し、これに対し協同党代議士東隆が「協同組合主義について」（五八五号・二二年（一九四七）三月）において、それが資本主義の鬼子たりうると反駁したのである。

北農の消滅と通巻六百号

この論争は今日的に見て再検討すべき点の多いものであった。協同組合の限界の

5 北田寛二（一九二三～二〇〇八）。北海道釧路市生まれ、北海道帝国大学農学部農業経済学科、昭和一九年（一九四四）卒、戦後、北海道農会に就職、北農解散後は労働者・労働組合の学習会講師として活動し、北海道労働者学習協議会、北海道経済研究所などの場で活躍した。

6 北海道帝国大学農学部農業経済学科、昭和一六年（一九四一）卒。

主張は一応正論ではあったが、そこには農業団体の意義と北海道の特殊性に対する致命的ともいえる軽視があった。一方、協同組合主義は、協同と友愛を述べながら、その実は実力者本位の近代化論と表裏をなしていたのである。

『北方農業』は、五九〇号（二二年（一九四七）八月）より三回にわたって農業協同組合特輯を組んだが、そこではもはや協同組合論は展開されていない。すでに農協法は閣議決定となり、いかに農協を作るのかが当面の課題となっていたからである。しかし、それは同時に北農の解体をも意味していた。そして、図らずも『北方農業』通巻六百号（二三年（一九四八）七月）（写真）が北海道農業会による最期の編輯となったのである。

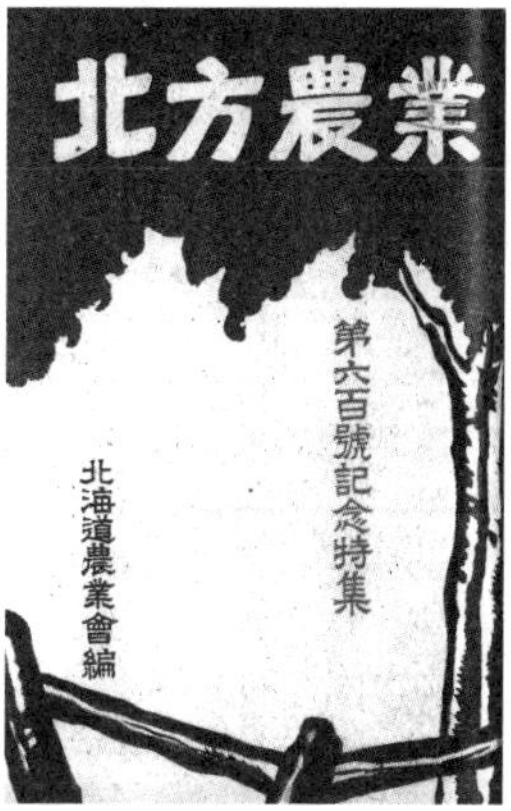

六百号記念特集号は、戦中からのB5判ではなく、かつてのA5判の月刊誌の体裁をとり、農業団体の革命期にあわせて、北海道農業団体史、農業協同組合は如何に在るべきか、そして北方農業歴代編集者編集苦心座談会という企画が組まれている。団体史では農会史を東隆、産組史を東弘、北農史を笠島彊一が担当し、如何に在るべきかは田下健治[7]、川村琢、猪野田一[8]が書いている。そしてこれらに共通しているのは、今消え去ろうとしている北農を前にして、確かに様々な限界をもちながらも明治期より北海道の農業団体に綿々と引き継がれてきたものをいかに継承するかということであった。「『北方農業』という題号はなつかしい。多

7 北海道帝国大学農学部農業経済学科、昭和一一年（一九三六）卒。

8 北海道帝国大学農学部農業経済学科、昭和九年（一九三四）卒。

少とも関係をもってきた我々としては、どこまでもこの名前を保存してゆきたい」という座談会での川村琢の発言にも、そうした意味合いが含まれていた。それは民主化の嵐の中で『北方農業』が忘れかけていた農業団体人の心であったかもしれない。しかし、北農の消滅は『北方農業』にとって危機以外のなにものでもなかったのである。

第一四話
農業復興会議と『北方農業』

ついに休刊！

あたかも『北方農業』六百号を遺言状とするかのように、北海道農業会（北農）は昭和二三年（一九四八）六月解体された。すでに三〇〇を超えて設立されていた町村農協の連合組織として、この六月に信連、購連、販連、厚生連、指導連、共済連、そして開拓連が次々と設立され、北農の各種事業もそれぞれの各連合会に引き継がれたからである。

そして、「北方農業の編輯は指導連に引継され、北海道農業の為に活躍することになります。一層の御愛顧と御鞭撻をお願い致します」『北方農業』六百二号「編輯後記」（昭和二三年（一九四八）九月）とあるように『北方農業』を引き継いだのは指導連であった。しかし、この指導連による『北方農業』の発行は長くは続かない。すなわち、一一月に六百三・四合併号、一二月六百五号、二四年（一九四九）一月六百六号が発行されるが、五月六百九・十合併号を最期にその発行は途絶えてしまうのである。

その間、確かに編輯（編集）者佐々木邦男の苦労の跡は見られるものの、体裁は戦時中以来のＢ５判十数頁のままであり、その誌面も道新の『農業北海道』や朝日新聞の『農業朝日』、家の光の『地上』、農文協の『農村文化』等々、まさに農業雑誌が族生してくる農村の息吹に見合ったものとはなっていなかったのである。

指導連における二つの系譜

この理由は指導連そのものの内部事情にあった。つまり、指導連は他の連合会と違い、小平忠[1]を総帥として単協の指導と組織活動をめざす旧産業組合中央会北海道支会系譜の教育連設立の動きと、地区連と結び農畜一体の生産協同事業をめざす工藤良忠[2]、田下健治等旧道農会の技術員系譜の生産連設立[3]の動きがやむなく合同して設立されたものであった。しかもその際、『北方農業』の編輯と関係の深い北農経営指導部職員は排除されたことが重要である。川村琢は厚生連へ、石井城夫、荒木十四郎は開拓連へと、かつて『北方農業』の編輯に携わった旧道農会技師等は、北農の解体と共にちりぢりになっていた。『北方農業』は彼らにとってこそ掛け替えのないものであったが、支会系譜の人達にとってはさして愛着はなかったのである。

しかし、もう一つの理由として見逃せないのは、この年三月のドッジ・ラインにより日本経済は急激に収縮し、新生農協が設立早々経営不振に陥っていたことである。その結果、指導連では負担金が集まらないという状況に加え、生産指導等の金を食う部分は新たに生まれた改良普及員制度にまかせて、農協は経営合理化に専心すべきであるという「経営純化論」が台頭しはじめた。その過程で指導連内部の二つの系譜の間に一層大きな溝が生れ、単協経営の管理、監督に重点を置く支会系譜

1 小平忠（一九一五～二〇〇〇）。北海道生まれ。日本大学を卒業後、北海道に戻り、北海道指導連から北海道農協中央会専務理事となる、昭和二四年（一九四九）衆議院議員となり、以後一一回当選、民社党副委員長などを務めた。

2 北海道帝国大学農学部農学科、大正一五年（一九二六）卒業。

3 農協法の下での町村農協の設立と相まって、昭和二三年（一九四八）にそれら農協を会員に全道一三地区で北海道農業会の技術員を引き継いで地区生産連が設立され、引き続き北海道生産連も設立された。その事業は農産、畜産、農地改良、加工などの事業であったが、昭和四五年（一九七〇）には、北海道農業開発公社に引き継がれた。

がしだいに主導権を握っていくのは時代の流れにほかならなかった。つまり、後の農業団体再編成問題の火種がすでに指導連内部で醸成されていたのだった。

こうして、『北方農業』は休刊のまま昭和二五年（一九五〇）を迎えるのである。

農業復興会議による復刊

しかし、このような状態は、旧道農会職員や旧北海道農業研究会会員にとっては我慢のならないものであった。旧道農会職員がちりぢりとなった中、川村琢、工藤良忠、東隆等大物クラスが常任委員となっていたのが北海道農業復興会議であった。その結果、東隆の強力な根回しにより、昭和二五年（一九五〇）五月『北方農業』（通巻六一一号）（写真）は農業復興会議の機関誌として復刊されることになった。「復刊の言葉――『北方農業』の再出発にあたって」で東隆は、「かつて、この雑誌の編集に三十代の情熱をかたむけた私は、この雑誌が当初からもっている使命を、

第二次世界大戦終末と共に失ったとは考えない」、と『北方農業』への自らの思いを吐露《とろ》している。さらに『北方農業』の性格を「売らんかな主義の雑誌から脱却して、憂農の士の高論と卓説を、天下に紹介したい。そして、この大いなる日本歴史の転換期にそなえたい」として、その編集母体として、北方農業研究

会の設立を宣言しているのである。

このように見ても、農業復興会議による『北方農業』の復刊は、戦前の北海道農業研究会の再版をめざしたものであった。その体裁がA5判に復したのもその現れである。そしてこの号の巻末には北方農業研究会が昭和二五年（一九五〇）一月、東隆を会長に高倉新一郎（北大）、東弘（販連）、田下健治、工藤良忠（指導連）、川村琢[4]（厚生連）、石井城夫（開拓連）、吉田博（道庁）等々のそうそうたるメンバーで発足したことが記されている。この号ではその最初として「転換期の北海道農業」が特集され、高倉新一郎「危機に立つ北海道農業」、東弘「統制撤廃と農産物の消流」、工藤良忠「農業技術指導の在り方」が掲載されたのであった。

しかし、この農業復興会議による『北方農業』の刊行も長くは続かなかった。「北海道の略農問題」（六一二号）、「農業金融の分析」（六一三号）、「北海道の農業技術」（六一四号）、「農産物の消流」（六一五号）と、かつてのごとく特集中心に昭和二五年（一九五〇）は一応順調な刊行を見るが、九・一〇月、一一・一二月はいずれも合併号であり、そして昭和二六年（一九五一）になると一月に六一七号、五月に六一八号を出して、またしてもそれは休刊してしまうのである。この六一八号が正に「明治三十四年四月二十日第三種郵便認可」と印刷された最後の『北方農業』であった。

4 北海道帝国大学農学部農学科、昭和九年（一九三四）卒業。

農業復興会議の性格

このように農業復興会議による『北方農業』の復刊が長くは続かなかった理由は、北方農業研究会が当初の意図のように機能しなかったことにある。それはメンバー的には戦前と同じであっても、彼らは今や各分野の中心的存在として多忙であり、とても戦前のように活動する条件を持ち合わせてはいなかったからである。それゆえ、その編集は農業復興会議職員の高岡周夫が一手に受け負うものとなっていた。

しかしより根底的な理由は、農業復興会議という組織自体のあいまいで過渡的な性格にあった。すなわち、農業復興会議の設立は昭和二二年（一九四七）一一月までさかのぼるが、その設立の主要目標は戦争協力団体として身動きのとれない北海道農業会に替って、協同組合、特に各連合会設立の産婆役となることであった。それゆえ連合会設立後は、分立した連合会のとりまとめと中央への交渉・陳情の窓口としては機能してはいたが、地方に下部組織を持つわけでもなく、その役割がしだいに薄れゆくのは否めない事実だったのである。

それは今日からふり返れば、北海道農業会に一元化されていた農業団体のへゲモニーが、戦後になって農協系統と農業委員会系統の二大系統に分立するまでの橋渡し役と見ることができる。そのような意味で、それが果たした役割も決して小さいものではなかった。

それは『北方農業』にとっても同様である。かつての『北海道農会報』と異なり、指導者向けであると共に農家向けであるという悩みを戦後の『北方農業』は常に背負っていた。巻頭言、特集記事、随筆という『北方農業』独特の編集スタイルが確立されたのはこの期である。そして、それを引き継ぐ農業委員会北海道連合会が結成されたのは、いよいよ農業団体再編成が問題化しはじめた昭和二六年（一九五一）一〇月のことであった。

第一五話
農業団体再編成問題と『北方農業』の再スタート

農業委員会北海道連合会の結成

昭和二六年（一九五一）はあらゆる意味で転換の年であった。米ソ冷戦の開始によって占領政策の転換と政治の「逆コース」はすでに明確となっていた。それが、この年九月のサンフランシスコ単独講和によって、一つの体制となって歩みを開始する。一方、農業に目を向けると、戦後最大の課題であった農地改革はほぼ二五年（一九五〇）をもって終了し、また深刻だった食糧不足も生産回復に伴って好転に向い、各種農産物の統制も米麦を残してほぼ撤廃されていた。それに伴い、農政も自由主義的な安上がり農政へ転換しつつあったのである。

その中で、この年の三月、すでに役目を終えた農地委員会と農業調整委員会、農業改良委員会の三委員会を統合し、それまでの行政執行機関としてではなく、農民代表機関として農業委員会を作る法律が公布されることになった。それは、ドッジ不況以来、不振を続ける農協経営を政府主導で立て直すことを目的とした農漁業協同組合再整備法の公布と数日違いであった。そこからも、この新しい農業委員会には、経済団体には担い切れない農業改良指導的立場からの農民利益代表としての役割が求められていた。

それに応える動きこそ、二六年（一九五一）一〇月の農業委員会北海道連合会の設立であった。これは、法律に基づく北海道農業委員会とは別に、全く民間団体として各地区の農業委連合会を会員として設立されたものである。会長は北勝太郎、[1]副会長太田鉄太郎で、[2]「農業委員会の公正な運営を期し、もって農地改革の徹底、農業経営の合理化及び農業生産力の発展に寄与することを目的とする」（会則第一条）ものだった。この会の機関誌として創刊されたのが『農業委員会報』だった。

『農業委員会報』の創刊

「今までの農地改革の基盤に三つの委員会を統合し、さらに新しい民主主義的構想によるこの農業委員会の制度は、講和を迎えたわが国農政の転換期に照応するものであり、総合的に農業の振興が考えられなければならない。この大きな使命をどう果すかが本誌の役割でもあろう」。これが『農業委員会報』創刊号の荒田善之[3]筆による編集後記である。ここからも、農地委員会道連の『農地時報』を前史としつつも、『農業委員会報』が「より総合的な」（北勝太郎「発刊の言葉」）農政誌として出発したことは明らかだろう。しかもこの会の事務所が道庁農地部に置かれた関係で、その編集発行代表者が道庁農業調整課長で旧北海道農業研究会会員の渡辺正三となり、創刊号よりこの渡辺の巻頭言がこの雑誌の顔となるのである。

この『農業委員会報』の第二号の特集が「農地改革」、第三号が「農業総合計画」であったのは、農業委員会が当初、「村の総合的農業振興計画を樹立し推進すると

1 北勝太郎（一八八九〜一九六三）。石川県生まれ。家族とともに砂川町に入植し、空知農学校を卒業、砂川町議などを経て北聯理事、北海道議会議員、衆議院議員、戦後も農業団体を代表して衆議院議員を勤めた。また、戦前には奈井江村長、戦後には奈井江町農協組合長を務めた。

2 太田鉄太郎（一八八三〜一九五八）。山形県生まれ。家族とともに上名寄村に入植、名寄町議、北海道議会議員、名寄町農業会長、北海道農業会理事などを務め、戦後、衆議院議員を一期務めた。

3 荒田善之。広島県生まれ。盛岡高等農林学校卒業後に帝国農会に勤務、戦後、北海道農業会、道指導連に勤めた後、北海道農業会議事務局長を長く勤めた。昭和三六年（一九六一）から『北方農業』の巻頭言を昭和五〇年（一九七五）まで毎号執筆し続けた。それは、『朔風を衝いて』（北海道農業会議、昭和五一年（一九七六））にまとめられている。

いう責務をもって生れた」（北勝太郎「発刊の言葉」）からであった。つまり、当時は、創設された自作農が再び小作農へ転落するかもしれないという危惧が極めて強く、これを守るために生産、販売、金融等々の総合的な対策が必要と考えられていたのである。それゆえまた、「農村経済更生運動と新しい『村づくり』」（第三号）という特集にも示されるように、同じではないにしても、あの昭和恐慌期の経済更生計画と類似の取り組みを追究するものでもあった。

農業生産力問題の提起

この農業委員会によって全国的に取り組まれた農業総合計画運動は、いま一度再評価すべきかもしれない。ただ、それが昭和恐慌期のような実績を持たなかったことは事実である。農地改革によって与えられた戦後自作農のエネルギーの前には、それはあまりにも消極的、守勢的なものであり、農地改革の次の課題にはもっと攻勢的なものが求められていたのである。

『農業委員会報』第二巻三号（通巻五号）における崎浦誠治[4]・千葉燎郎[5]「北海道の生産力問題」、そして次号の桜井豊[6]「北海道の農業技術を衝く」はいわばその課題に応えるオリエンテーリングなものであった。すなわち、桜井は北海道農業を外から見る立場から、開拓七〇年の頃の到達点から今や大きく後退している現実を直視する必要を訴え、それを受けた崎浦と千葉は北海道農業における「生産力形成の跛行性」を批判して、総合的な生産力形成とそのための農業政策の必要を提起した

[4] 崎浦誠治（一九二〇～一九九七）。北海道寿都町生まれ。北海道帝国大学農学部農業経済学科を昭和二一年（一九四六）に卒業、北海道立農業研究所などを経て、北海道大学農学部農業経済学科（開発論講座）教授となった。

[5] 千葉燎郎（一九二二～）。北海道生まれ。北海道帝国大学農学部農業経済学科を昭和一九年（一九四四）に卒業、農業総合研究所北海道支所長などを経て北海学園大学経済学部教授となった。

[6] 桜井豊（一九一七～二〇〇六）。北海道江差町生まれ。北海道帝国大学農学部農業経済学科を昭和一七年（一九四二）に卒業後、日本農業研究所を経て酪農学園大学教授となった。

のである。

ここに颯爽《さっそう》と登場した崎浦誠治（道立農研）、千葉燎郎（農総研）、そして事務局の荒田善之等こそ、旧北海道農業研究会のメンバーに替わる新しい世代であった。基本法農政以降には、近代化擁護と「近代化」批判に分化するとはいえ、「近代的自営小農の確立」を目ざすという意味において、彼らこそ旧北海道農業研究会の正統な後継者に他ならなかった。しかし、この農業生産力が主要な問題となる以前に、農業委員会道連に突きつけられたのは農業団体再編成問題だった。それを見ずしては、『北方農業』の甦生《そせい》も農業会議の成立も語れないのである。

農業団体再編成と『北方農業』の甦生

いわゆる第一次農業団体再編成問題が起ってくるのは、昭和二七年（一九五二）である。まず、農協系統、特に指導連の中では、生産指導事業をめぐって、それを切り捨てるべきだという「経営純化論」と、それは農協の自殺行為だという「総合論」の対立が深まっていた。他方で、農業委員会の側では系統性を欠き、独自財源を持たないなどの組織上の不備から、生産指導事業を統合して指導奨励団体としての一元的強化が熱望されていたのである。

この農業委側の意見が旧農会系統の技術員、職員の間で強かったのは当然である。実際、農業委側の運動の中心となる全国農業委員会協議会は、事務局長池田斎をはじめとして、その運動は旧帝国農会役員に担われる所が大であった。そして、輝かしい北海道農会の歴史をもつ北海道で、この運動がひときわ精力的に進められたのもいうまでもない。

『農業委員会報』第二巻五号（通巻七号）には「農業団体の再編成をどうみるか」という池田斎等の座談会が掲載され、第二巻七号では農業団体再編成問題に関する総数二、〇〇〇名を超える世論調査の結果、その七五％が再編を支持していることも報じられている。しかし、同じ戦争協力団体であっても、経済団体であった産業組合より、指導団体であった農会の方に戦後の風当たりが強いのは当然であった。また、曲がりなりにも農業改良普及員制度が出来ていたのも事実である。したがって、戦前の農会の復活に近い農業委側の再編成論が実現する可能性は、最初からないにも等しいものだったのである。

しかし、農業委系統はその事務局に戦前来の優秀な農業団体人を持ち、しかも官僚、学者、技術者、ジャーナリスト、篤農家等々に広範な支持者を持つことによって、果敢な闘いを展開した。その北海道の場合が旧北海道農業研究会人脈であったこともいうまでもない。『農業委員会報』が第二巻九号（通巻十一号）より、突然『北方農業』に改題した（写真）のも、農業委員会道連による農業団体再編成の運動が旧北海道農業研究会の正統な後継者であることの宣言にほかならなかった。こうして『北方農業』の誌名は甦り、新たなスタートを切ったのである。

第一六話

北海道農業会議の設立

農政の転換と農業団体再編成

農業委員会北海道連合会の機関誌『農業委員会報』が『北方農業』に改題したのは第二巻九号、農業団体再編成問題が白熱化していた昭和二七年（一九五二）九月のことであった。農業委員会制度を農民の利益代表機関であるとともに生産技術指導もなし得るものとする改革案は、二八年（一九五三）三月の国会で一応結着するかに見えた。閣議をも通過した法案には、「市町村農業委員会に書記の外、技術員を置くものとする」と明記されていたのである。

それは前年に成立した農地法と同様、戦後自作農を再び小作農へ転落させない意図のものであった。なぜなら、技術員機構は農業委員会の任務とされた「総合計画」を生産技術指導まで踏み込んで担うものだった。そこには、戦後自作農の経済活動を担当する農協が依然として経営危機にあり、生産技術指導まで負い切れないだろうという見通しがあったこともいうまでもない。

しかし、この法案も例の「バカヤロー解散」[1]で流産し、抗争は再燃する。農林官僚に以前の力はなく、また農協系統は自ら以外の農業団体は作らせまいとして国会議員を動かした。しかし重要なのは、この頃明らかに食糧事情が好転して、それま

[1] 昭和二八（一九五三）年二月の衆議院予算委員会で、吉田茂首相と社会党右派の西村栄一議員の質疑応答の中で、吉田首相が「バカヤロー」と発言したことをきっかけに衆議院が解散されたことを言う。

での増産政策に変化が現れていたことである。米の豊作に加え、アメリカの余剰農産物（二九年（一九五四）ＭＳＡ小麦輸入）[2]が食糧に楽観的見通しを与えていた。農政も後の新農村建設（三一年（一九五六））へつながる蔬《そ》菜、畜産、果樹などの適地適作を打ち出していた。

この変化が農業団体再編成問題に影響したことは言うまでもない。二九年（一九五四）第十九国会の大混乱の中でかろうじて成立した法案は、確かに農協を指導監督とする中央会と、農政全般にわたる農民の利益代表機関としての農業会議の設立を決めた。しかし、最大の焦点であった技術指導機構は、完全に棚上げされ、以後も実現することはなかったのである。

北海道農業会議設立前夜の道農業

北海道農業にとって行政から独立した農民の利益代表機関として農業会議が作られることの意味は、決して小さいものではなかった。というのも、都府県農業が順調な生産回復を示すのに対して、ひとり北海道農業は戦争の後遺症を引きずる中で、二八、二九年（一九五三～一九五四）の連続冷害を迎えていたからである。だからこそ、北海道農業には改めて戦前来の「北方農業確立」という課題が再認識され、そのための政策樹立が強く求められたのである。

この点ですでに農業委道連や『北方農業』は先導的役割を果しつつあった。特に『北方農業』は若手が次々と登場し、新鮮な議論を展開していた。例えば三巻一号

[2] ＭＳＡとは、日本の再軍備を援助する目的で昭和二九年（一九五四）に結ばれた日米相互防衛援助協定のことで、アメリカは在庫が問題となっていた小麦を日本に援助し、その販売代金が米軍の駐留費等に使われた。このとき受け入れた小麦を「ＭＳＡ小麦」という。

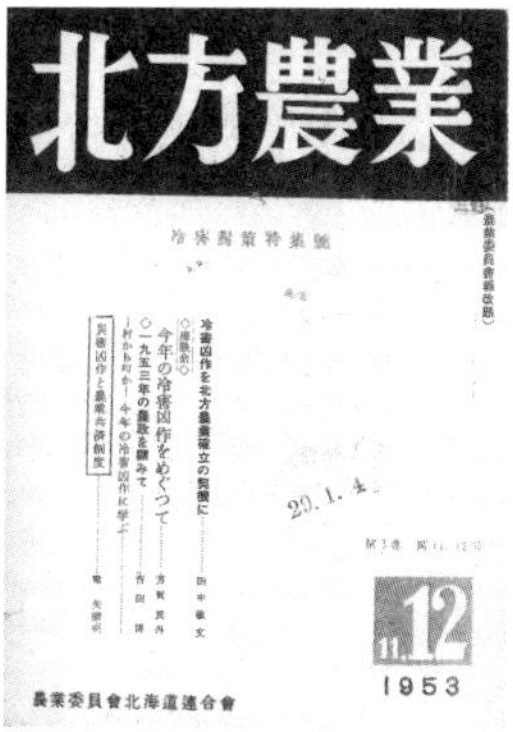

（二八（一九五三）年一月）では千葉燎郎・崎浦誠治が「北海道農業論の前進のために」において下層農家群の生産力問題を重要な政策課題として提起していた。二月号では桜井豊が「輪作農業は前進したか」、三月号では千葉燎郎、桃野作次郎[3]、湯沢誠[4]が「本道農業生産の推移と展望」を書いている。他方、二月号には「現地ルポ・前田村農業振興計画をみる」として、農業委員会が行った第一回現地研究会の報告がなされており、しかもこの「現地ルポ」の企画はその後も「辺境の農業経営をみる」（三月号）、「樽岸地区における交換分合」（五月号）、「水田経営優良部落の実態」（六月号）、「道南零細兼業農家の実態」（八月号）と続く。そして十一・十二合併号は「冷害対策特集号」とされ（写真）、田中敏文[5]知事の「冷害凶作を北方農業確立の契機に」、芳賀貢[6]、北勝太郎等北海道選出議員の座談会、現地の声、資料等が掲載されていたのである。しかし、全く民間団体の農業委道連の力は限られていた。『北方農業』誌上の研究や実態報告、提言が政策に生かされるためには、北海道農業会議の設立が求められていたのである。

北海道農業会議の設立と『北方農業』

農業団体再編成法案が通過した二九年（一九五四）八月の『北方農業』（四巻八

3 桃野作次郎（一九一九〜）。北海道生まれ。北海道帝国大学農学部農業経済学科を昭和二二年（一九四七）に卒業後、農林省技官などを経て北大農学部に戻り農業経営学講座の教授となった。退職後は北海学園大学北見大学学長となった。

4 湯沢誠（一九二〇〜二〇一〇）。東京市生まれ。北海道帝国大学農学部農業経済学科を昭和一七年（一九四二）卒業し、農業総合研究所北海道支所長を経て北大農学部農業市場論講座の教授となった。退職後は札幌商科大学教授となった。

5 田中敏文（一九一一〜一九八二）。青森県生まれ。九州帝国大学卒業後に北海道庁に入庁し、その後全道庁職員組合委員長となり、昭和二二年（一九四七）の選挙で日本社会党の候補として初の公選北海道知事に三五歳の全国最年少でなった。三期務めた後引退した。

6 芳賀貢（一九〇八〜二〇〇五）。北海道の農家に生まれ、戦前は農民運動で活躍し、戦後は昭和二七年（一九五二）に日本社会党から衆議院議員に当選、以来一一期勤めた。

号）で北勝太郎は、「新しい農業委員会にのぞむもの」として、法案成立の経過を述べるとともに、「農民の意志代表機関としての民主的性格と其の使命を充分認識すること」、さらに「農協との円満な協調を図ること」を提起した。これに応えるかのように、八月に設立された北海道農業会議は、会長に農協系統にも睨みのきく超大物岡村文四郎[7]、副会長には農業委道連の鹿野恵一[8]とかつての道農会幹事明田儀一の二人、また会議員には小林篤一[9]（ホクレン）、三井武光（北信連）、また矢島武（北大）などのまさに北海道の農業界を代表するものとなった。これに加えて事務局機構も農業委道連が中心となって、幹事長鹿野恵一、総務部長荒田善之、農政・調査部長亀田信三、さらに嘱託として川村琢、笠島弘嗣その他職員十七名で出発した。

　この結果『北方農業』も、「本誌八月号からは新委員の皆様のお手許にとどくわけではあるが、いつも期待し望んで止まないのは、本誌が今後とも農民のものとして、農民の利益代表たる農業委員の機関誌となることです」（四巻八号編集記）と、実質的に農業会議の機関誌となった（ただし、おそらく財政的理由から、発行所はしばらく農業委道連のまま続き、農業会議発行となるのは三一年（一九五六）四月・第六巻四月号からである。またこの時よりＢ５判となった）。そればかりでなく『北方農業』は、第二次再編の課題となる系統制の不備を補うものとして、農業会議と市町村農業委員会を結ぶ重要なパイプ役を果すのである。

7 岡村文四郎（一九九〇～一九六八）。高知県生まれ。北海道農業会会長、戦後、昭和二二年（一九四七）の参議院選挙で初当選、以後四期当選、全国農業会議所理事、雪印乳業取締役などを勤めた。

8 鹿野恵一（一八九九～一九七一）。北海道当別町生まれ。産業組合運動に参加し、戦前には北聯理事、道農会理事となる。戦後は、ホクレン常務理事、北海道農業会議会長、北海道共済連会長などを歴任した。

9 小林篤一（一八九〇～一九七二）。兵庫県生まれ。空知に入植後、産業組合運動にかかわり、昭和一一年（一九三六）北聯会長となる。戦後、公職追放となるが解除後にホクレンの会長となった。

『北方農業』人脈と精神

さて、農業会議が設立早々、負債対策、冷害対策で建議、諮問答申を行って負債整理条例やマル寒立法[10]実現の中核となったことはあえていうまでもない。その過程で『北方農業』は、政策の理論的・実証的検討および研究機関の協力体制づくりの中核となった。そこでの基調が農家を地帯別・階層別に捉えるという視覚で貫かれていること自体、『北方農業』のそれまでの蓄積の結果であったともいえる。当時の農協系統は未だ再建整備に躍起で、それの中心を担う体制にはなかったが、おそらく経済団体にはこうした基調は示せなかっただろう。

しかし、より注目しなければならないのは、この過程における『北方農業』が培ってきた人脈の活躍である。建議や答申を受けた道の側の体制は、農政課長吉田博、農地調整課長渡辺正三、農地部長渡部以智四郎、農務部長福岡武二[11]などであり、道議会で農業会議をバックアップしたのは東隆の協同党であった。いってみれば旧北海道農業研究会人脈こそ、この戦後の大事業の立役者だったのである。しかし、それは敗戦と民主化、内務省解体と、〃地方の復権〃という時代ゆえに可能であったともいえる。高度成長が開始されれば農林省の近代化農政という画一的で、魂のない票集めのための農政に北海道農業も席巻されることになる。

思い起こせば北方農業誌の出発点となる『勧農協会報告』は、開拓使が緒をつけた開発政策を大久保明治政府から守ろうとする処に出発した。『北海之殖産』の立役者は、金子堅太郎復命書と闘って北大を守った佐藤昌介で

10　北海道寒冷地畑作営農改善資金融通臨時措置法（昭和三四年（一九五九））の通称。

11　北海道帝国大学農学部農業経済学科、昭和六年（一九三一）卒業。

あった。そして『北海道農会報』と高岡熊雄、デンマーク農業導入の石沢達夫、山田勝伴と『農友』等々、そこに連綿と貫かれてきたのは、旧北海道農業研究会設立趣意書の冒頭の一説「北海道農業は所謂《いわゆる》内地府県と異なる構造をもつ。従って其処に行はるべき農業政策も諸府県のそれとは自ら異らざるを得ない」という姿勢であったと言えるだろう。

その意味で、明治の『勧農協会報告』から『北方農業』にいたるまでの農業雑誌を貫いてきたのは、時代や政治・経済の変化の中にあってもあくまで北海道農業の実態に寄り添って、「北海道農業のザインの認識に基づくヴェルデンであり、ヴェルデンの彼方に見るゾルレン」（荒又操「北海道農業の発展の基本方向」本書六三頁参照）を追い求めた人たちの精神であったように思われる。『北方農業』誌は、休刊となったが、その精神だけは新たな課題に直面している現在も引き継いで行かなくてはならないだろう。（完）

開拓七〇年の北海道農業
―戦前における到達点―

一　問題の所在

二〇一八年、北海道は「開道一五〇年」という節目の年を迎えた。本稿が対象とするのは、そのほぼ半分の「開拓七〇年」（昭和一三年（一九三八））の北海道農業である。今日、北海道農業は、稲作、畑作、園芸作、酪農、肉用牛、馬産などが地帯分化して主産地を形成し、ＥＵに匹敵する経営規模を擁する専業的な農業地帯として、日本農業の中に特別な位置を占めている。

そうした北海道農業の基本的な姿が明確になったのが八〇年前の「開拓七〇年」なのである。実際、この時期に北海道農業は、昭和初期の連続凶作から立ち直り、もはや辺境としてではなく、日本農業における最重要な農業地帯として自己認識を深めつつあった。さらに、満洲国の農業開発はじめ、戦時食糧増産や適正規模確立といった日本農業をめぐる課題状況の中で、北海道農業はその打開方向を指し示す農業地帯として全国的な注目を集めていたのである。[1]

戦後の北海道農業は、「近代化農政の優等生」の代名詞で、一方では自営農的中農層の広範な厚みをもって特徴付けられ、他方ではそれと裏腹の官治的な脆弱性が指摘されてきた。実は、そうした基本的性格が形作られたのも、この頃なのである。

1 この端的な表現が全国誌『社会政策時報』二三〇号、昭和一四年（一九三九）一一月の「北海道農業特輯」である。また、この頃から始まる満洲への北海道農法の移転については、玉真之介『総力戦体制下の満洲農業移民』（吉川弘文館、二〇一六）を参照。

こうした意味で、開拓七〇年は戦前における北海道農業の到達点であるとともに、戦後の北海道農業の起点として見逃し得ない時期といえる。しかし戦後の北海道農業論は、この時期の内実を消極的に見るか、[2]あるいは連続凶作から戦争による荒廃を連続させて捉えることで、[3]この時期に対し特別の注意を払ってきていない。

果して北海道農業はこの開拓七〇年当時、どのようなところまで到達していたのか。以下では、できる限り基礎的データから、またできる限り総体的に、この時期の北海道農業の特徴と実相を示すことにしよう。

二　生産回復と地帯分化

開拓七〇年の北海道農業についてまず指摘すべきは、生産の顕著な回復である。**表1**で見ても、昭和一一～一五年（一九三六～一九四〇）がその前期の落ち込みから一様に生産を回復させたことは明瞭である。しかもこの間に、昭和一三年（一九三八）の水稲三五〇万石はじめ、小麦、甜菜、除虫菊、牛乳が戦前最高の生産量に達し、大豆、馬鈴薯も昭和に入っての最高を記録している。こうして見ても開拓七〇年は、戦前における北海道農業の到達点といってよい。その背景には天候の安定と共に昭和九年（一九三四）後半から明確となる日本経済の景気回復があった。同じく昭和元年～五年（一九二六～一九三〇）を一〇〇とする農産総額が、一一年（一九三六）一二九、一二年（一九三七）一六五、一三年（一九三八）一八八、一四年（一九三九）二六五と加速度的に増大していくことにそれは示されている。

2 例えば、桜井豊「北海道農業の優越性に関する再吟味」（『北海道農業研究』三号、昭和二八年（一九五三））

3 北海道立総合経済研究所編『北海道農業発達史』中央公論社、昭和三八年（一九六三）、等を参照。

一方、作目をめぐっては、穀菽《こくしゅく》類の停滞と集約畑作物の増加が特徴である。これは、連続凶作という試練を受けて、道庁が昭和七年（一九三二）に「農業合理化方針」として打ち出した粗放農業からの脱却と地帯別農業の推進の成果と見ることができる。[4] 地帯別農業とは、北海道を一二農業地帯に区分して、それに穀菽《こくしゅく》、混同、主畜の経営形態を当てはめた大まかなものであったが、今日につながる農業地帯の見取り図でもあった。

表１　作物別収穫高の推移（５ヵ年平均推移指数）

	昭.1～5	6～10	11～15	16～20
米	100	73	130	95
小麦	100	172	286	224
燕麦	100	91	98	76
大豆	100	82	104	69
小豆	100	76	96	30
菜豆	100	76	108	33
馬鈴薯	100	118	246	214
甜菜	100	109	148	93
亜麻	100	125	241	347
除虫菊	100	90	116	57
薄荷	100	118	141	32
牛乳	100	190	274	－

資料：『北海道庁統計書』（各年度版）より作成。

この時期の農業地帯別に作物作付比率の特徴を見ると、中核地帯では空知が米への特化を強めるのに対し、上川はむしろ馬鈴薯、除虫菊、薄荷の比率を高めること、馬鈴薯、甜菜が若干増えるとはいえ十勝内陸が依然豆類中心であるのに対し、網走は薄荷を基軸に豆、麦、馬鈴薯等が均整のとれた構成を示す。[5] その意味で中核地に関する限り、集約化の動きよりも商業的農業の展開の方がより規定的であった。

しかし目を限界地と呼ばれた地帯に移すと、根釧内陸地方は燕麦、豆類から馬鈴薯、甜菜、飼料作物へかなり顕著な作付変化を示し、地帯別農業の象徴であっ

4 拙稿「戦間期の北海道農政と農事指導組織」（『農経論叢』三八集、昭和五二年（一九七七））。なお、この地帯分類は、戦時下、浦上啓太郎、吉田博等によって深められ、戦後の二五地帯一〇〇地区区分へと発展する。北海道『北海道農業地域概要』（総合開発資料第七号）昭和二三年（一九四八）参照。

5 この点は、湯沢誠『北海道農業論序説』御茶の水書房、昭和二九年、三七～四四頁がすでに指摘している。

た「根釧農業開発五ヵ年計画」の政策効果が見てとれる。また濃霧地方と言われた十勝、釧路の太平洋側でも同様な方向性が見られ、漁場労働力に依拠してむしろ澱原馬鈴薯地帯としての性格を強めた宗谷地方とは対照をなしている。一方、噴火湾を取り囲む渡島、胆振の一部でも集約作物、飼料作物のウエイトが高くなっており、またかつて「天塩型」と分類された羊蹄山麓も[6]、その作付構成はむしろ網走に近くなっていた。

こうして見ても、この時期の主要な政策課題とされた甜菜と乳牛を柱とする地力造成集約農法の普及は、中核地でよりむしろ限界地、旧開地の一部で展開を見せていた。それが中核地での商業的農業の発展と相まって、この期の北海道農業の地域的形相をくっきりとしたものにしていたのであった。[7]

三　農村組織化と商業的農業の新展開

開拓七〇年の北海道で、もう一つ特徴的なのは農村の組織化である。農業合理化方針の下で農事指導組織の末端に位置づけられた農事実行組合が、その組織単位であった。それは町村農会に直属し、当初は採種圃の運営など生産事業に中心があったが、昭和七年（一九三二）以降産業組合への法人加入が進められ、販売・流通過程でも重要な役割を果たすようになる。その状況を**表2**で確認すると、昭和一三年（一九三八）に組合数六、九一九、中核地、特に空知、上川に多い。しかもこれは同年調査の部落数より[8]二、〇〇〇以上も多く、部落を更に分割した機能的なもので

6　前掲『北海道農業発達史』上巻、八四九頁。

7　荒又操「北海道農業の地域的形相」（前掲『社会政策時報』所収）を参照。

8　『北海道統計』№六九、昭和一四年（一九三九）、二九〜三一頁。

表2　支庁別農事実行組合概況（昭和13年）

支庁	組合数	産組加入数	産組加入率	組合員数	1組合当たり員数
石狩	477	425	89.1%	9,753人	20.4人
空知	1,227	1,152	93.9	24,657	20.1
上川	1,321	1,230	93.1	25,534	19.3
後志	423	289	68.3	8,092	19.1
桧山	162	147	90.7	3,172	19.6
渡島	237	230	97.0	5,177	21.8
胆振	267	239	89.5	5,114	19.2
日高	190	189	99.5	3,483	18.3
十勝	745	709	95.2	15,310	20.6
釧路	360	354	98.3	4,495	12.5
根室	144	134	93.0	2,458	17.1
網走	955	927	97.1	19,195	20.1
宗谷	127	122	96.1	2,032	16.0
留萌	214	157	73.4	4,214	19.7
全道	6,919	6,327	91.4	134,142	19.4

資料：北海道庁経済部『第四次（昭和十三年度）農事実行組合要覧』昭和14年10月より。
注：市部を除いたため支庁の合計と全道とは一致しない。

あったことを窺わせる。そして法人加入については、平均でも九割を超えていた。これは、多様な農家小組合が存在し、法人加入率もこの段階で二割に達していない府県とは比較にならない高率である。[9]

ところで、開拓時代の北海道における農産物流通を特徴づけていたのは、仕入取引という前近代的なものであった。それは第一次大戦を経る中で大きく崩れ、その再編成が全国統一市場流通の段階に見合う大量化、多様化、そして組織化を柱として進められることになる。しかもその主導者は、第一次大戦後に再編強化さ

9　農林省農務局「農家小組合ニ関スル調査」（『帝国農会報』二九巻八号、昭和一四年（一九三九））

れた道行政であり、それゆえその実行組織も酪聯、北聯といった産業組合連合会の活動が常に先行したのだった。また北海道燕麦生産代表者聯合会（明治四四年（一九一一）設立）のような北海道の加工用や大口需要を多く持つ作目で先駆的展開が見られた。

昭和七年（一九三二）の原料乳統制は、そうした新しい時代の到来を象徴的に示すものであった。これは、原料乳の生産者団体による一元的集荷という戦後を先取りするもので、その背景には、道庁による一貫した指導と共に、乳業資本間の競争激化と経営危機、そして八雲町における「牛乳騒動」（昭和六年（一九三一））で示された酪農の農民的広がりがあった。この原料乳統制によって、酪聯はその組織と事業を拡大し、乳価決定にも直接関与していくのである。[10]

一方、北聯による農産物販売の組織化は、府県と同様に政府の米穀統制と小麦増殖に乗る穀類の掌握であった。特に昭和八年（一九三三）の四三万俵の政府販売、九年（一九三四）には旭川師団ほか軍、鉄道、炭鉱等の大口需要者販路の確保、一一年（一九三六）「北聯特選米」ブランド確立、一二年（一九三七）京阪神進出、一三年（一九三八）〝満洲〟進出等により、この年にはついに北聯のみで出回量の二割を占めるまでになった。

その一方で、北聯の事業を際立たせたのは薄荷、除虫菊、澱粉等についての自前の加工場建設と北聯ブランドの確立、そして青豌豆を含めた欧米への直輸出の展開であった。昭和九年（一九三四）の野付牛薄荷工場の建設は、少数の前期的な業者に独占されていた流通機構を一変させ、北聯薄荷はニューヨーク市場に君臨するま

10 大高全洋『酪連史の研究』日本経済評論社、昭和五四年（一九七九）、第三章参照。

表3　産業組合における担保別貸付金の推移　単位：千円

	無担保（年度内）	有担保（年度内）	担保種類別構成比（%）				
			土地建物	有価証券	生産物	家畜・農具	その他
昭.6	10,896	10,564	81.6	4.5	8.1	0.7	5.1
8	16,431	13,477	33.3	8.1	39.6	1.0	17.9
10	21,110	15,138	39.1	10.0	37.7	3.7	9.4
12	29,704	26,892	30.2	7.8	50.4	5.2	6.5
14	39,765	33,375	29.2	9.5	47.7	5.7	7.8

資料：北海道庁経済部『産業組合並農業倉庫要覧』（各年度）より。

でに至った。[11]

略聯や北聯がこのように攻勢的な事業展開をなし得た基盤は、やはり農業合理化方針の下で町村ごとに、役場、農会、産業組合の役割分担と協調が進み、農事実行組合を単位とする組織的活動が産業組合についても本格化したことにあった。[12]すでに見た高い法人加入率は、この結果だったのである。生産者販売に占める産業組合のシェアも、昭和九年（一九三四）の段階で米三二%、小麦五〇%、燕麦三四%、薄荷三七%、澱粉二七%、平均でも三〇%であった。[13]これを一組合当りの販売事業高で見ると、この昭和九年（一九三四）の八万円から、一一年（一九三六）一二万、一二年（一九三七）二二万、一三年（一九三八）にはついに三〇万円を突破した。この三〇万円という額は、全国平均の五倍、第二位の福岡県の二・六倍という規模であった。

しかもここで見逃せないのは、北海道における経済事業と信用事業の連携である。**表3**を見れば、この時期までに北海道の産業組合の有担保金融は、土地建物から生産物へ中心が移ったことが明瞭である。十勝などではそれが八割にまで達していた。これは土地建物、有価証券

11　ホクレン農業協同組合連合会『ホクレン六十年史』昭和五二年（一九七七）参照。

12　玉真之介『主産地形成と農業団体』農文協、平成七年（一九九五）。

13　榎勇「統制経済直前に於ける北海道産農産物の流通担当者とその地位」（『農経論叢』二〇集、昭和三八年（一九六三））。

が依然として七割を占める府県とは全く異なり、経済事業と信用事業の相乗的発展によるものだった。しかも無担保金融についても、農事実行組合を連帯保証とする「出荷誓約」と「購買利用貯金借越」によって、戦後の組合員勘定制度の原型と言ってよい短期営農資金の貸付が特に零細層に対してなされていたのである。[14]

四　農家経済の好転と適正規模問題

以上のような結果として、開拓七〇年の北海道の農家経済もかなり好転していた。それを**表4**の組合貯金の増加から見てみよう。長く借金組合としての性格を維持してきた北海道の産業組合も、昭和一〇年代に入ってからの急激な貯金の伸びで、一三年（一九三八）ついに貯金が貸付金を上回り、府県のような貯金優位の構成に変わった。それは一組合員当りで見ても、一一年（一九三六）から一四年（一九三九）に三倍となる勢いを示したのである。

この時期に系統農会が経営改善事業として最も力を入れてきた簿記の普及においても、北海道がずばぬけた展開を示した。昭和一二年（一九三七）に全国平均がようやく一五％の普及に達した時、北海道は平均で三二％、水田地帯の空知、上川ではそれぞれ四二％、五〇％にも達していた。[15]

農林省経済更生部による「満洲農業移民に関する地方事情調査」が行われたのも、この昭和一二年（一九三七）である。これは全国九四二町村について黒字農家を基準に「標準耕地面積」を割り出し、それで耕地面積を除して町村当たりの安定農家

14 森正男『農事実行組合の運営』（高陽書院、昭和一三年（一九三八））第七章。

15 「農家簿記並農業設計普及状況調」（『北海道農会報』三七巻九号、昭和一二年（一九三七））。

表4　産業組合における信用事業の推移

	貸付金（千円）		貯金（千円）		農業者1人当たり貯金（円）	
	年度末現在	（内農業）	年度末現在	（内農業）	組合員	家族
昭.8	28,811	19,710	14,287	6,899	84	46
9	28,941	19,339	17,147	8,630	91	45
10	31,444	20,745	20,346	10,127	93	44
11	35,399	23,067	23,829	12,065	109	49
12	39,676	26,810	33,941	18,533	150	53
13	40,887	27,635	53,519	30,792	215	64
14	41,983	26,368	83,875	49,527	333	86

資料：北海道庁経済部『産業組合並農業倉庫要覧』（各年度）より。
注：（内農業）には農事実行組合による貯金は含まれない。

戸数と過剰農家戸数を算出したものである。これで見ると北海道の標準耕地面積は六町一反（田一町九反、畑四町一反）、府県平均の一町六反（田一町、畑六反）の五倍であった。また、過剰農家が現在戸数に占める比率も、一〇％以下は北海道（七％）のみ、二〇％以下が静岡、三〇％以下が宮城ほか九府県で、残り三五府県は三〇％以上、長崎、大分等は五〇％を超えていた。[16]

こうして戦時体制への突入と共に、改めて日本農業の零細性の克服が問題の焦点となってきた。それは、それまでの経済更生から一歩踏み出して家族労働力に見合う経営規模を備えた自立的・専業的な農業経営を目指す近代主義的なものであり、適正規模論として戦時生産力主義の一翼を担うのであった。畜力を用いて家族労働力で大きな経営規模を耕作する農法を成立させていた北海道農業は、この生産力担当層のウエイトという基準からも最先進地と認識されたのである。[17]

16 農林省経済更生部「安定農家適正規模に関する調査資料」昭和一五年（一九四〇）。

17 玉真之介・坂下明彦「北海道農法の成立過程」（桑原真人編『北海道の研究』6、清文堂、昭和五八年（一九八三））参照。またそれにより、満洲への北海道農法の移転が満洲国の最重要政策となるのである。前掲『総力戦体制下の満洲農業移民』参照。

五　大土地所有の後退と地主小作関係の変化

最後に、この時期の特徴としていわゆる大地主の減少がある。ただし、これまでは浅田喬二によって「小規模地主層と巨大地主層の強靱な存続」[18]という誤った認識が示されてきた。しかし、これは、第一次大戦後に五〇町歩以上地主が増える十勝の動向を見誤ったもので、十勝を除いた支庁は、規模、居住地の如何を問わず五〇町歩以上地主は大きく減少していた。しかもかつて北海道の主流であった道外不在地主の減少が最も大きい。

また問題の十勝についていては、昭和に入っても開拓が進行していること、小規模地主の大半は小作人が五戸程度の在村地主で、分家用地確保という当時の慣行から言っても耕作者的性格が強いこと。また昭和一五年（一九四〇）に七つある一、〇〇〇町歩以上地主も、北海道製糖、帝国製麻、新田帯皮製造所で五つを占め、残る高島、長尾は道外不在地主であるが、小作人は五〇戸、二一戸と決して多くないこと等が指摘できる。[19]ともかく、五〇町歩以上地主の耕地が全耕地面積に占める比率は、大正九年（一九二〇）の二三％から、昭和一五年（一九四〇）には一二％へと半減したのである。

こうした大土地所有の後退には、昭和元年、二年（一九二六、一九二七）から始まった自作農創設事業と民有未墾地開発事業が大きな役割を果たしていた。特に、自作農創設は、昭和九年（一九三四）からの預金部資金の導入で本格化したものであり、その意味でも小土地所有の創設という資本主義の原理とは異なる事業に国家

18 浅田喬二『北海道地主制史論』御茶の水書房、昭和三八年（一九六三）、一二五頁。

19 昭和一五年（一九四〇）「五十町歩以上の大地主調査」（農林省農業総合研究所北海道支庁『研究資料』No.1、昭和三七年（一九六二））。

資金が投入された（しかも北海道は府県より三年も早く）ことの歴史的意味は大きい。それは社会政策の新しい段階であり、かつ資本主義下での土地の所有と利用をめぐる矛盾調整の新しい段階でもある。さらに、土功組合の負債問題が象徴する地主の生産的機能の終局的喪失が北海道における自作農創設の推進を強く動機づけていた。[20]すでに第二期拓計と農業合理化方針により、北海道における土地改良は完全に投資主体としては国家に、改良主体としては耕作者に中心が移っていたのである。

戦時食糧増産を錦の御旗に、ついに制定法において所有権絶対に枠をはめたものが昭和一三年（一九三八）の農地調整法である。ただしそこでは、「農村の事情は各地各様である」として、より積極的な小作条件の改善については、新たに組織する市町村の農地委員会の活動に託していた。道庁が一三（一九三八）年九月「小作関係の調整」という通牒を行ったのもそのためであり、それは各農地委員会の活動方針であるばかりでなく、小作関係の全道的改善統一をめざしたものと言える。すなわち、そこでは契約方法、契約期間、相続、解除に当たっての作離料と有益費補償等にかなり明確な基準を示し、小作形式の標準化がめざされていた。

この農地委員会は、『農地年報』で見る限り、昭和一五年（一九四〇）に二五〇市町村に設立され、その構成は全道平均で地主二三％、自作三五％、小作二五％、その他二％となっており、会長は市町村長の兼務である。[21]この農地委員会による小作料統制は昭和一五年（一九四〇）から開始され、一六、一七年（一九四一、一九四二）を最盛期として、敗戦までに小作地の田で九七％、畑で四三％が小作料を四分の三（田）乃至半分（畑）に引き下げられた。また畑については、穀物納の一掃

20 それを端的に示すのが、昭和一六、一七年（一九四一、一九四二）の「農地調整懇談会」である。北海道『北海道農地改革史』下巻、昭和三二年（一九五七）、一二二一～一二二四頁参照。

21 農林省『昭和十五年農地年報』、昭和一七年（一九四二）、七〇～八六頁。

も達成された。さらに、これを昭和一七年（一九四二）一二月時点で全国と比較すると、田の七二％、畑の三三％の達成率はもちろん全国一、というより全国の統制面積の六二％が北海道であった。戦時下に北海道の地主小作関係は、大きく変質していたのである。

六　おわりに

以上見てきた事実を確認し、その意味に一定の見通しを与えて結びとしよう。昭和一〇年代に入って、北海道農業は生産を急速に回復させ、商業的農業の展開の中で地帯分化を明確にしてゆく。その際根釧や濃霧地方、あるいは旧開地の一部では農政のめざした農法集約化の方向が明確となり、他方中核地では農村の組織化が際立って進展していた。このことは、北海道農業が昭和恐慌後の新しい市場関係に適合的に自らを編成替えした結果と見ることができる。本文では触れなかったが、長く停滞にあった馬鈴薯作が、大都市の生食用需要、府県の種薯需要を適確に捉えて、種薯＝道南、食用＝道央、澱粉用＝上川、宗谷と地帯分化したのは、その端的な例である。そして何よりも産業組合による北海道の際立った組織性は、この時期の北海道農業の躍進を基礎づけるものであった。

もちろん、一貫した行政主導の展開は、北海道農業の脆弱性の表現でもある。自作農創設はじめ小作関係の調整への行政の積極的介入も、連続凶作で示された北海道農業の依然克服されぬ不安定性、そしてまたその衝撃が村落や集落で緩和されることなくストレートに経営危機へ到る自立性の反面の孤立性等に対する危機意識に立つものであった。ただしそれにしても、一定の規模とそれに見合う農法を持った北海道の農家が、府県の農村には希薄な家族経営としての自立性をそなえていたことも事実である。しかもそれは中核地帯を中心に、商業的農業の展開と行政主導とはいえそれなりの内実も整えつつあった。北海道の特徴とされる経営実力者層の形成や敗戦直後に示された北海道農民の主体性が培われたのは、やはりこの開拓七〇年の時期をおいてほかにないであろう。

しかし、戦時体制の進行は、北海道が府県のどこよりもそれに強力に組織化されていただけに、その収奪による荒廃も最も深刻であった。その結果、北海道農業は、農地改革と革新道政という戦後の新たな条件の下で、昭和二〇年代後半にもう一度冷害を契機とする再編成を受けた上で、ようやく昭和三〇年代以降に本格的な戦後の体制へと至るのである。

あとがき

本書は、北海道農業会議発行の『北方農業』誌に、私が一九八三年四月号から一九八四年一二月号まで一六回に渡って連載した「百年を迎えた北方農業誌」という記事に加筆・修正と注を加えて一冊にまとめたものである。当時の私は、北海道大学大学院博士課程に在学中で、すでに三年の課程を終えて、研究と就職活動に明け暮れるいわゆるオーバードクターだった。奨学金も打ち切られ、主な収入は進学塾講師の給料と妻の所得であり、一児を抱えた生活は決して楽なものではなかった。

そんな暮らしも察して、私が持ち込んだ企画を快く採用して原稿料を出してくださったのは、当時、『北方農業』の編集を担当しておられた北海道農業会議の村元健治さんだった。企画といっても、ただ一〇〇年以上続いているからその歴史をたどってみたいという程度のもので、何回になるかの見通しもなかった。幸い、農業雑誌自体は北大図書館にほぼ収蔵されていたので、資料を探す手間はかからなかった。

とはいえ、毎回、三、〇〇〇字に話をまとめるのは大変で、当初は順調だった連載も締切に間に合わない月も出てきてしまった。そんな時も、逆に励ましてくださったのが村元さんであり、二一ヵ月をかけて一六回の連載を完了できたのは、間違いなく村元さんのおかげと本当に感謝している。

そんな苦労をした連載であったが、三〇年も時が経過して、私自身はすっかり忘れてしまっていた。思い出すきっかけとなったのは、戦前の「スパイ冤罪事件、宮澤・レーン事件」の真相を広める取組をしている北大農経市場論講座の先輩、佐々木忠さんからの突然のメールだった。趣旨は、北海道農業研究会の記事（本書の第一〇話、一一話）をみたいというもので、もちろん私の手元になかったため、現在、北海道農業会議の専務理事をしている佐久間亨さん（北大農経市場論講座の一年後輩）にお願いして、記事を送ってもらったのである。それは実に懐かしいものだった。それとともに、我ながら頑張って書いたものだと思い、できれば本にまとめたいと考えたのである。というのも、来年には定年退職を迎える私には少しばかりの後悔の念があった。この連載を読み返せば、それは札幌農学校の第一期生佐藤昌介、第二期生新渡戸稲造に創始された農業経済学が高岡熊雄、荒又操、高倉新一郎、矢島武、川村琢、崎浦誠治、千葉燎郎、湯沢誠等々と引き継がれてくる歴史だった。こうした歴史を、後輩となる研究者に伝える機会がまったくなかったという思いである。

私もかつて母校で後進を育てる夢を抱いたこともあったが、結果的にそれは果たせず、全国を転々とする研究生活となった。せめて本書をまとめることで、北大農経の伝統の一端を後進に伝えることができればと考えたのである。とはいえ、書いたのはまだ手書きが普通だった頃で、当然、デジタルデータはない。ＰＤＦからの変換も試みたが、まるで駄目。困っていたときに、私が指導する大学院修士一年の美田有希さんがデータ入力を引き受けてくれた。また、最後の（補）の部分は、妻と長女が分担してデータ入力してくれた。

次は、出版社探しである。これは幸いなことに、私も「佐藤正」論を担当した太田原高昭・中嶋信編『協同組合運動のエトス』の出版元、北海道協同組合通信社が出版を引き受けてくださった。私の願いを受け止めてくださり、出版の労をとっていただいた同社代表・新井敏孝さんには、本当に感謝している。

院生時代の自分の文章を読むと、時として恥ずかしさがこみ上げてくる。何よりも「であり」を多用して文章が長い。今回の出版にあたって、少し文章を切ったが、本文にはほとんど手を入れていない。時間をかけたのは、読者のわかりやすさを考えて入れた注である。また、最後に、やはり院生時代に書いた論文「開拓七〇年の北海道農業」湯沢誠編『北海道農業論』（日本経済評論社、一九八四）をかなり縮減して収録した。

北海道を離れて三十数年。奇しくも今年五月に日本農業経済学会が北海道大学で開催され、会場となった教養部の建物に四〇年ぶりに入り、自分の研究生活の起点を思い出した。表紙の写真は、その時に私が撮った北大農学部正面である。この正面三階の院生研究室で、本書の原稿の大半は執筆されたものである。

来年三月の退職を前に、また、開道一五〇年という年に、この小さい本が刊行できることの幸せを強く感じている。最後となるが、学部生、大学院生の時代にご指導を賜った湯沢誠先生、京野禎一先生、三島徳三先生、飯島源治郎先生、太田原高昭先生、桃野作次郎先生、七戸長生先生、黒河功先生、高嶋正彦先生、黒柳俊雄先生、崎浦誠治先生、森島賢先生、土井時久先生、学外では大沼盛男先生、そして川村琢先生のお名前を記して改めて心からの感謝の意としたい。

この本と同時に、私のライフワークである小農研究を『日本小農問題研究』（筑波書房）として刊行することができた。本書と合わせて一人でも多くの方にご笑覧いただければ幸甚の極みと言える。

玉　真之介（徳島大学生物資源産業学部教授）

【経歴】岐阜県高山市生まれ。北海道大学大学院農学研究科博士課程修了後、岡山大学教養部、弘前大学農学部、岩手大学大学院連合農学研究科、岩手大学理事・副学長、徳島大学総合科学部を経て現職。

【主な著書】『農家と農地の経済学』（農文協、一九九四）、『日本小農論の系譜』（農文協、一九九五）、『主産地形成と農業団体』（農文協、一九九六）、『グローバリゼーションと日本農業の基層構造』（筑波書房、二〇〇六）、『近現代日本の米穀市場と食糧政策』（筑波書房、二〇一三）、『総力戦体制下の満洲農業移民』（吉川弘文館、二〇一六）、『日本小農問題研究』（筑波書房、二〇一八）。

開道一五〇年
北海道開拓と農業雑誌の物語

初版発行　平成三〇年一二月三日
著　　者　玉　真之介
発 行 者　新井　敏孝
発 行 所　株式会社北海道協同組合通信社
〒〇六〇－〇〇〇四
札幌市中央区北四条西一三丁目
☎〇一一（二三一）五二六一（代表）
FAX〇一一（二七一）五五一五
印 刷 所　岩橋印刷株式会社
定　　価　一、三八九円＋税
ISBN978-4-86453-063-7　C0061　¥1389E
